深入浅出
算法竞赛

（图解版）

段忠杰　顾业鸣　编著

 中国水利水电出版社

www.waterpub.com.cn

·北京·

内 容 提 要

《深入浅出算法竞赛（图解版）》是为帮助读者理解基本的算法思想和编写高效的解决问题的程序而编写的。全书共6章，第1章概述了算法与算法竞赛的知识；第2章介绍了计算机程序解决问题的最基本方法——穷举算法与贪心算法；第3章讲解了随机算法，如何利用概率与期望优化算法的效率；第4章讲解了AI的思维模式——搜索算法，如何用更灵活的方式遍历每一种可行解；第5章讲解了动态规划，如何通过状态间的转移，巧妙地规划最优解；第6章讲解了将大事化小、小事化了的分治算法，如何将问题拆分为易于解决的小问题。

本书配备了大量的算法竞赛试题，使用算法竞赛最常用的C++语言编写。同时，本书不拘泥于算法竞赛，在第2～6章的最后每一节给出一段阅读材料，介绍算法有趣的应用，帮助读者拓宽思维。

本书的讲解避开了繁琐枯燥的理论，采用浅显易懂的语言和大量生动有趣的插图来剖析各种典型算法的思维逻辑，讲解了大量有趣的算法应用案例，用大量的图来帮助理解。本书是一本算法入门的优秀图书，推荐给各类参加算法竞赛的初学者和对算法感兴趣的广大编程爱好者。

图书在版编目（CIP）数据

深入浅出算法竞赛：图解版 / 段忠杰，顾业鸣编著.
-- 北京：中国水利水电出版社，2023.6
ISBN 978-7-5226-1505-9

Ⅰ. ①深… Ⅱ. ①段… ②顾… Ⅲ. ①计算机算法
Ⅳ. ①TP301.6

中国国家版本馆CIP数据核字（2023）第080153号

书　　名	深入浅出算法竞赛（图解版） SHENRU QIANCHU SUANFA JINGSAI (TUJIE BAN)
作　　者	段忠杰　顾业鸣　编著
出版发行	中国水利水电出版社 （北京市海淀区玉渊潭南路1号D座 100038） 网址：www.waterpub.com.cn E-mail: zhiboshangshu@163.com 电话：(010) 62572966-2205/2266/2201（营销中心）
经　　销	北京科水图书销售有限公司 电话：(010) 68545874、63202643 全国各地新华书店和相关出版物销售网点
排　　版	北京智博尚书文化传媒有限公司
印　　刷	北京富博印刷有限公司
规　　格	148mm×210mm　32开本　8印张　309千字
版　　次	2023年6月第1版　2023年6月第1次印刷
印　　数	0001—3000册
定　　价	69.80元

前　言

亲爱的读者，您好，很荣幸通过本书与您相遇。我是本书的作者之一，一位退役多年的算法竞赛选手。

本书的写作目的是帮助读者理解基本的算法思想，学会编写高效的程序来解决问题。希望通过本书，能够传达算法背后的基本思想。算法是计算的方法，自计算机诞生以来，各种精妙的算法层出不穷。本书的各个章节以基本的算法思想为脉络，从一砖一瓦开始，搭建算法的大厦。希望读者不要局限于学会使用算法，更要学会创造算法，掌握编写高效率程序的方法论。

对于中学与大学阶段的广大学生来说，OI与ICPC等算法竞赛提供了比拼程序设计实力的平台，参加算法竞赛是提升程序设计能力的有效途径，而程序设计能力是作为程序员应具备的基本功，算法竞赛中的奖项可以作为高校的敲门砖，各大互联网厂商在招聘时对此也尤为重视。

本书涵盖的基本算法思想，可作为算法竞赛的入门参考书，为中学和大学培养算法竞赛选手提供参考，为广大算法爱好者提供学习途径。

2016年，就读于浙江师范大学的我开始了算法竞赛的生涯，通过国内外的算法竞赛，我学到了很多算法知识。与两位队友一起，曾在ICPC亚洲赛上获得了金奖。诚然，我们深知自己与顶尖的算法竞赛选手还有不小的差距，但我们仍然想把自己的算法经验分享给每一个热爱算法的人，把赛场上的不甘、欣喜与感动分享给手捧本书的读者。

算法竞赛是一个强化思维、锻炼代码能力的良好契机，如果你对算法有兴趣，一定不要错过这样的机会！本书虽然可能无法帮你在算法竞赛中获得名次，但可以帮你入门，可以帮你在学习各种算法思想时减少时间成本。

本书能够完成，首先要感谢我的恩师韩建民老师，他在我本科阶段带我走进了算法的世界，让我对计算机科学有了新的认识，同时感谢几位退役选手顾业鸣、张忆莲、周鹗荐、凌静、张骏，以及华东师范大学的徐如瑶同学，感谢他们参与了本书的编写与审校工作。另外，感谢各高校在互联网上公开题目资源，也感谢各位算法爱好者在互联网上分享经验，本书在写作过程中参考了Codeforces等网站的题目，以及知乎等网站的资料。

因作者能力有限，书中难免存在疏漏及不足之处，还请读者批评指正。

本书赠送程序的代码文件：读者使用手机微信的扫一扫功能扫描下面的微信公众号，或者在微信公众号中搜索"人人都是程序猿"，关注后输入"SFJS1505"并发送到公众号后台，获取本书资源的下载链接，将该链接复制到计算机浏览器的地址栏中，根据提示进行下载。

　　读者也可加入QQ群1063288583（若群满，则会创建新群，请根据加群时的提示加入对应的群），与更多读者进行在线交流与学习。

　　最后祝读者在学习算法的道路上一帆风顺！

段忠杰

于上海·华东师范大学

深入浅出算法竞赛（图解版）

目 录

深
入
浅
出
算
法
竞
赛
（
图
解
版
）

第 1 章

欢迎来到算法的世界

图1.1所示为本书主角小算。既然你翻开了这本书，那么你一定对算法感兴趣吧。那些神奇的算法活跃在各行各业，帮助人们解决了各种问题。接下来就随小算一起走进算法的世界，一窥算法的奥妙吧！

图1.1　本书主角小算

第1章将回答3个问题——算法是什么？算法竞赛是什么？算法的复杂度是什么？那些神奇的算法将会一一展现在你的面前。

1.1 算法是什么

算法究竟是什么呢？"算"是"计算"，"法"是"方法"，算法就是计算的方法，更准确地说，是计算机进行计算的方法。自计算机技术普及以来，算法早已出现在各行各业，在人们的生活中也随处可见。

早上醒来，小算看了一眼天气预报，显示未来几天会一直下雨。在多年以前，如此精准的天气预报是不可想象的。如今，气象站的工作人员通过卫星等设备采集大量气象数据，用算法预测出未来的天气，并在各种自然灾害到来前作出未雨绸缪的预警。图1.2展示了自1981年以来天气预报准确性的演变，可见准确性是越来越高的。

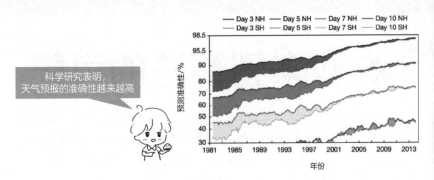

图1.2 自1981年以来天气预报的准确性越来越高

起床后，小算来到早餐店，点了一根油条和一份豆浆。结账时小算拿出手机"扫码"，轻声一响，就显示出了付款界面并且准确地识别出了店家的身份信息。短短几秒钟，小算就付完了早餐钱，不需要翻钱包，店家也不需要找零钱，更没有因触摸钱币带来的卫生问题。更神奇的是，哪怕二维码沾了油污，其中的容错算法依然可以还原出完整的信息。这就是科技带来的便利，也是算法带来的便利。图1.3所示是一个神秘的二维码，赶紧用手机扫描试试吧。

去教室上课的路上，小算打开了某个视频网站，凭借5G网络，在线观看4K清晰度的视频也非常流畅。这不仅依赖5G通信技术中的算法，也依赖视频的压缩与传输算法。图1.4所示是极化码的原理示意图，极化码是5G通信的关键技术。

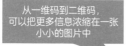

从一维码到二维码，可以把更多信息浓缩在一张小小的图片中

图1.3　二维码可以将更多信息压缩到图片中

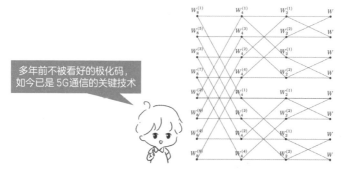

多年前不被看好的极化码，如今已是 5G 通信的关键技术

图1.4　极化码是 5G 通信的关键技术

　　放假后，小算来到机场，准备乘坐飞机回家，机场每天都有成百上千的飞机起降，在航班调度算法与工作人员的指挥下，所有的航班井然有序地把一批又一批旅客载向远方。图1.5所示是某机场的航班调度示意图，机场航班的调度依赖着优化算法。

　　如你所见，算法如魔法一般，以计算机为载体，在生活各个方面发挥着巨大的作用。本书将介绍算法的基本思想——穷举、贪心（贪婪）、随机、搜索、动态规划和分治，这些思想是构成算法的"一砖一瓦"，能帮助你理解那些神奇的算法是如何产生的。

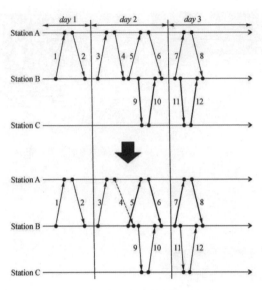

图 1.5　某机场的航班的调度示意图

1.2　算法竞赛是什么

要想学习算法，就一定要动手编写代码，衡量算法功底的最直接方法，就是参加算法竞赛。如今各大高校的计算机相关专业越来越重视对学生编写代码能力的培养，参加算法竞赛是一个磨炼算法基本功的有效途径，也正是因此，国内外算法竞赛的发展被迅速推进了。

1.2.1　紧张刺激的算法竞赛

在著名的世界级算法竞赛中，ICPC（International Collegiate Programming Contest，国际大学生程序设计竞赛）是一项顶级的赛事。据统计，每年都有来自111个国家和地区的超过5万名学生参与。ICPC为热爱算法的选手提供了奋力拼搏的赛场，在这里，你可以遇见来自世界各地的算法佼佼者，也可以感受在解决一个又一个编程问题时算法在其中发挥的巨大作用，体验算法的精妙之处。如图1.6所示为ICPC官网页面。

图1.6　ICPC 官网页面

在中国，也有自己举办的算法竞赛——CCPC（China Collegiate Programming Contest，中国大学生程序设计竞赛），竞赛规则与 ICPC 的类似，作为国人自己举办的算法竞赛，CCPC 得到了中国多家互联网企业的赞助支持，也为国内互联网行业的人才选拔提供了途径。图1.7所示为 CCPC 总决赛赛场。

图1.7　第五届CCPC总决赛赛场

ICPC 与 CCPC 鼓励选手参与团队协作，因此竞赛以团队赛的形式进行，三个人组成一队，在 5h 内面临十余个算法问题，需要三人团结一致，才能攻克难度极高的算法问题。在赛场上每解决一个算法问题，桌上就会有一枚气球升起，满桌的气球是属于算法竞赛选手的荣耀与浪漫，如图1.8所示。

不过，ICPC 和 CCPC 的参赛名额是有限的，并非每一个高校学生都有机会参与，为了给更多学生参与的机会，各地也在积极举办小规模的赛事。如蓝桥杯等竞赛，适当降低了竞赛的难度与门槛，意在助力高校的人才培养。

在竞赛之外，不少高校也在组织自己的校级算法竞赛，专门为参与大赛进行人才选拔与培养。为了方便选手们进行训练和学习，OJ（Online Judge）网站应运而生，选手可以直接在这些网站上获取题目资源，并提交代码以验证正确性。比较著名的OJ网站有Codeforces、牛客竞赛网等，如图1.9所示。

图1.8　ICPC 的赛场

图1.9　Codeforces 和牛客网

ICPC与CCPC都是面向大学生的算法竞赛，对于中学生，也有大型的算法竞赛——信息学奥林匹克竞赛（Olympiad in Informatics，OI），根据竞赛的区域级别分为国际信息学奥林匹克竞赛（International Olympiad in Informatics，IOI）、全国青少年信息学奥林匹克竞赛（National Olympiad in Informatics，NOI）、全国青少年信息学奥林匹克联赛（National Olympiad in Informatics in Provinces，NOIP）。这些竞赛旨在向中学生普及计算机科学知识；给学校的信息技术教育课程提供动力和新的思路；给那些有才华的学生提供相互交流和学习的机会；通过竞赛和相关的活动培养与选拔优秀计算机人才。如图1.10所示为IOI官网页面。

通常，在一场比赛中有若干道题目，每一道题目都是出题人精心准备的，一道题目包含题目描述、数据范围、输入格式、输出格式、样例输入和样例输出等部分，如以下例题。

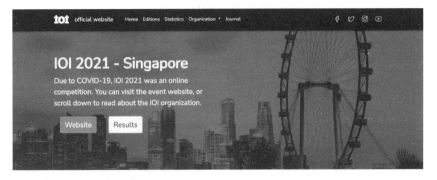

图1.10　IOI 官网页面

题目描述：

计算 $a+b$ 的值。

数据范围：

$0 \leqslant a,b \leqslant 1000$ 。

输入格式：

输入为一行，包含两个以空格隔开的整数，分别表示 a 和 b。

输出格式：

输出一行，包含一个整数，即 $a+b$。

样例输入：

2 3

样例输出：

5

正如你所看到的，算法竞赛题目中的输入和输出是严格定义好的，有的时候一个多余的空格都会导致错误。为了避免这种情况产生，选手需要特别注意题目对输入输出的描述。如图1.11所示，选手编写好解题程序后，可以提交给服务器，而在服务器上会存有多组出题人准备好的输入输出文件，以检测程序的正确性。服务器会将选手的代码编译并运行，让程序从输入文件中读取数据，并且将程序的输出结果与出题人的输出文件进行对比，每组输入输出文件都匹配一致才会返回正确（Accepted）信息。有的时候，题目的答案可能不唯一，还会有专门的程序来判断选手输出内容的正确性。这样的判题流程几乎杜绝了作弊的发生，因此也被应用到了各大高校与互联网公司的机试中，如图1.11所示。

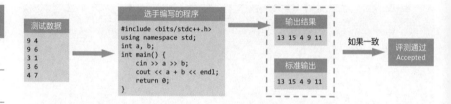

图1.11 代码评测流程

另外，竞赛中的题目会有时间和空间限制，选手的程序只有在限制内输出正确结果，才能通过这道题目的考验。这些时空的限制，让解题方法的范围被缩小，出题人可以更精准地考查某个算法。当然，在以往的比赛中也不乏投机取巧的解题方法，甚至还有选手使用了出题人都没有料想到的新方法，从此"名动江湖"。因此，算法竞赛是充满魅力的、公平严谨的比赛，让无数选手前赴后继挑战自己，争取在时间和空间的限制下更好更快地解决一个个算法问题。为了简便，本书中出现的题目默认时间限制为1s。

算法竞赛为广大代码爱好者提供了一个较为公平的平台，来比拼实力和锻炼代码编写能力，因此得到了国内外高校的大力支持，同时，竞赛的趣味性和竞技性又吸引了大批优秀的大学生参与其中。如果你对算法感兴趣，就来参加算法竞赛吧!

1.2.2　C++——统治算法竞赛的编程语言

要想参加算法竞赛，就至少要掌握一门编程语言，世界上有五花八门的编程语言，能够在算法竞赛中使用的主要有三种——C++、Java、Python，但在目前的算法竞赛中，C++占据绝对的主导地位，原因只有一个——快!

C++是一门比较基础的语言，用它编写出来的程序效率较高，而算法竞赛又恰恰是争分夺秒的比赛，只有在限制时间（通常是几秒）内结束程序才能通过题目。因此C++语言深受选手们青睐。相比之下，Python目前是一个非常受欢迎的编程语言，优点在于可以写出简洁的代码，以及支持各种各样的库，但有所得必有所失，Python为了易用性牺牲了性能，另外，算法竞赛中通常不允许使用各种非标准库，Python语言的优势在算法竞赛中失去了用武之地。

如果你学过C语言，那么C++是很容易入门的，因为C++兼容大部分C语言语法，如果你学过其他编程语言，那么学习C++的难度也不大，毕竟在编程语言中，最基本的变量、数组、函数、条件语句、循环语句都是共通的。

和工程项目不同，在算法竞赛中，通常只写一个源代码文件，也只提交该文件中的代码。接下来快速熟悉一下C++语言中一个源代码文件的框架。具体包含以下几部分。

```
#include <bits/stdc++.h>
using namespace std;

int main() {

    return 0;
}
```

开头两行代码的作用是引入头文件和使用命名空间 std，目的是使用 C++ 内置的功能。main 是主函数，程序会执行主函数内部的所有内容。

下面向框架中填充一些内容，即以下代码，可以解决 1.2.1 小节中的 *a+b* 问题。

```
#include <bits/stdc++.h>
using namespace std; ·
int a, b;
int main() {
    cin >> a >> b;
    cout << a + b << endl;
    return 0;
}
```

其中 int a, b;定义了两个整数变量。C++ 中的 int 类型是 32 位有符号整数，可以存储 −2147483648 ~ 2147483647 范围内的整数。在编写程序时，需要格外小心，如果计算结果超出了这个范围，那么就会出现错误的计算结果。常用的数据类型如图 1.12 所示。

数据类型	数据范围	说明
int(32位整数)	[-2147483648，2147483647]	
long long(64位整数)	[9223372036854775808，9223372036854775807]	使用int数据范围不足时，可使用long long数据
float(单精度浮点数)	[-3.40282 × 10^{38}，3.40282 × 10^{38}]	精度低，不建议使用
double(双精度浮点数)	[-1.79769 × 10^{308}，1.79769 × 10^{308}]	
bool(逻辑值)	{true，false}	
char(字符)	ASCII码表中的字符	
string(字符串)	ASCII码表中的字符构成的序列	

图1.12 常用的数据类型

和大多数语言一样，C++ 提供了数组，用来存储一串变量。例如以下代码：

```
int a[100];
```

方括号中的数字是数组的大小，数组的下标从 0 开始。另外，C++ 还提供了一个方便的容器——vector，它可以存储不定长的数组，占用的内存空间根据数据量变化。例如以下代码：

```
vector<int> a;
```

上面的代码还用到了C++语言中极具特色的输入输出语句。其中cin表示输入，cout表示输出。cin后使用符号"＞＞"，再加上变量名，就可以将输入读到变量中，并且后面可以接着加上"＞＞"和变量名，可以连续读入。

cout后使用符号"＜＜"，再加上变量名，就可以输出该变量，后面再加上"＞＞"和endl可以输出换行。C语言的scanf和printf语句在C++语言中也是可以使用的。二者相比各有千秋，但不建议混用。

与大多数编程语言一样，C++支持一些通用的代码逻辑。

（1）自定义函数。

代码如下。

```
#include <bits/stdc++.h>
using namespace std;

// 这是一个函数，用来计算a+b
int add(int a, int b){
    return a + b;
}

int a, b;
int main() {
    cin >> a >> b;
    // 直接调用add函数计算a+b
    cout << add(a, b) << endl;
    return 0;
}
```

（2）条件语句。

代码如下。

```
#include <bits/stdc++.h>
using namespace std;
int x;
int main() {
    cin >> x;
    //判断x是奇数还是偶数
    if (x % 2 == 0) {
        cout << "x is even." << endl;
    } else {
        cout << "x is odd." << endl;
```

```
    }
    return 0;
}
```

（3）for 循环。

代码如下。

```
#include <bits/stdc++.h>
using namespace std;
int n;
int main() {
    cin >> n;
    //依次输出1,2,...,n
    for (int i = 1; i <= n; i++) {
        cout << i << endl;
    }
    return 0;
}
```

（4）while 循环。

代码如下。

```
#include <bits/stdc++.h>
using namespace std;
int main() {
    while (true) {
        cout << "learning..." << endl;
    }
    return 0;
}
```

另外，C++还有自己的"独门暗器"——STL（ standard template library，标准模板库），这里面包含了各种各样已经写好的算法，如 sort 函数，可以对数组中的数据进行排序，甚至还可以自定义排序的规则。STL 中还提供了很多数据容器，方便构造高效的算法，常用的数据容器如图 1.13 所示。

本书中的所有代码都是使用 C++ 编写的，不过，不必拘泥于编程语言本身，C++ 仅仅是因为执行效率高才成为了算法竞赛中的主流语言。希望通过本书，能带你领略算法的魅力，所以，我希望读者能够专注于算法本身，至于使用什么编程语言其实不重要，或许未来会出现新的编程语言能取代 C++ 语言的主流地位，但程序背后的算法思想是难以改变的。

容器类型	说明
vector	不定长数组
deque	双端队列
list	链表
map/multimap	红黑树构成的映射/多元映射
set/multiset	红黑树构成的集合/多元集合
unordered_map/unordered_multimap	哈希表构成的映射/多元映射
unordered_set/unordered_multiset	哈希表构成的集合/多元集合

图1.13　STL 中常用的数据容器

1.3　算法的复杂度是什么

在介绍各种神奇的算法之前，需要先明确一个问题——如何衡量一个算法的优劣？

一个算法为了解决某个问题被创造出来，运行它通常需要时间和空间两种计算资源，时间即算法从开始执行到得到结果的这段时间，空间即程序占用的内存空间。如果一个算法的运行时间短、占用空间小，那么显然这是一个高效的算法，所以，时间和空间是衡量算法效率的指标。

现在问题来了，如何衡量算法的时间和空间呢？最简单有效的方法是直接运行测试，记录程序运行的时间和占用的内存空间大小。当然，这也是最准确的方法，但在现实中，这样做的成本太大，程序运行的时间不能提前预知且时间可能会很长，如图1.14所示。现在需要的是不用运行程序就可以在理论上估计时间和空间的方法。

图1.14　运行程序前我们并不知道程序需要多久才能结束

首先考虑时间，假设一段程序要解决规模为 n 的问题，该问题可能是求 n 个数据的和，或是对 n 个数据排序，又或是其他问题。不妨假设这段程序在某台计算机上的运行时间是 $T(n)$，现在要考虑找一个可以估计 $T(n)$ 的函数 $f(n)$，如果满足 $\dfrac{f(n)}{T(n)}$ 不超过某个常数，那么称该算法的时间复杂度以 $O(f(n))$ 为上界；反过来，如果满足 $\dfrac{T(n)}{f(n)}$ 不超过某个常数，那么称该算法的时间复杂度以 $O(f(n))$ 为下界；如果两者同时成立，那么称该算法的时间复杂度是 $O(f(n))$。

这样的说法可能有些难以理解，换句话说，如果 $f(n)$ 和运行时间相除后稳定在某个范围内，那么认为 $f(n)$ 和运行时间"差不多"，就可以用 $O(f(n))$ 来表示大概的运行时间。例如，图 1.15 展示了某个时间复杂度为 $O(n^2)$ 的程序的运行时间，可以看到运行时间除以 n^2 的值大致是稳定的。

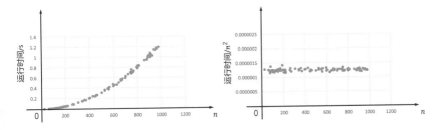

图 1.15　某算法的运行时间统计

注意一个细节，在前面提到的运行时间，是在"某台计算机"上的运行时间，如果换一台计算机，结论依然成立，因为同一台计算机每秒能够进行的计算次数是稳定的。英特尔的创始人之一戈登·摩尔曾提出过著名的摩尔定律："微处理器的性能每隔 18 个月提高一倍，而价格下降一半。"同一个程序在今天的计算机上可能需要 2s，在未来的计算机上可能只需要 1s。算法与处理器计算性能的发展是相对独立的，在如今看来高效的算法，在未来的计算机上通常仍能保持优势。

与时间复杂度类似，空间复杂度也可以用类似的方式定义，不过在大多数情况下，时间比空间更重要，空间不够可以"用钱来凑"，即增加内存就可以满足计算需求，而时间不够却是致命的，所以本书中的大多数例题都在追求更低的时间复杂度。

1.3.1 从三个排序算法说起

了解了时间复杂度的定义后，要学会计算算法的时间复杂度，这就要从三个经典的排序算法说起了。

按照算法竞赛中的模式，要先给出题目要求。

题目描述：

输入 n 个数据，对其从小到大排序后输出。

输入格式：

第1行是一个整数 n，表示数据个数；

第2行是 n 个整数 $a_0, a_1, \cdots, a_{n-1}$，表示要排序的数据，其间用空格隔开。

输出格式：

将输入的 $a_0, a_1, \cdots, a_{n-1}$ 排序后输出，其间用空格隔开。

数据范围：

$1 \leqslant n \leqslant 10^5$；

$0 \leqslant a_0, a_1, \cdots, a_{n-1} \leqslant 10^9$。

样例输入：

10

3 6 5 2 1 8 7 9 4 0

样例输出：

0 1 2 3 4 5 6 7 8 9

1. 选择排序

首先介绍最简单的排序算法——选择排序（Selection Sort），流程很简单。

（1）先在 n 个数据中把最小的挑选出来。

（2）再在剩余的 $n-1$ 个数据中把最小的挑选出来。

（3）再在剩余的 $n-2$ 个数据中把最小的挑选出来。

（4）直到最后只剩下一个数据，也就是最大的数据。

以样例为例，选择排序的流程如图1.16和图1.17所示。

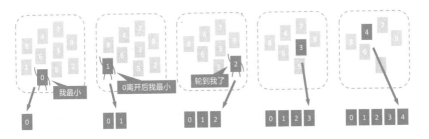

图1.16　选择排序的流程（前半部分）

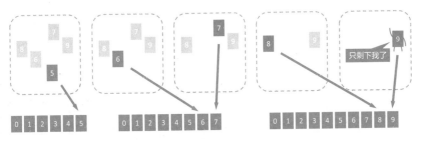

图1.17　选择排序的流程（后半部分）

```cpp
#include <bits/stdc++.h>
using namespace std;

//选择排序，对a[l],a[l+1],...,a[r-1]进行排序
void SelectionSort(int a[], int l, int r) {
    for (int i = l; i < r; i++) {
        for (int j = i + 1; j < r; j++) {
            if (a[j] < a[i])swap(a[i], a[j]);
        }
    }
}

int n;
int a[100005];

int main() {
    //输入
    cin >> n;
    for (int i = 0; i < n; i++) {
```

```
        cin >> a[i];
    }
    //排序
    SelectionSort(a, 0, n);
    //输出
    for (int i = 0; i < n; i++) {
        cout << a[i];
        if (i < n - 1) cout << " ";
        else cout << endl;
    }
    return 0;
}
```

接下来的关键是如何计算这个算法的时间复杂度。外层 for 循环第1次执行的时间复杂度是 $O(n)$，第2次执行的时间复杂度是 $O(n-1)$……最后一次的时间复杂度是 $O(1)$，总的时间复杂度是

$$O(1 + 2 + \cdots + n) = O\left(\frac{n(n+1)}{2}\right) \tag{式1.1}$$

式（1.1）看起来有点复杂，可以只保留其中最关键的部分，即 $O(n^2)$，根据时间复杂度的定义，可以发现二者其实是相等的，因为 $\frac{n(n+1)}{2}$ 与 n^2 相除后的值是稳定的。

有了时间复杂度 $O(n^2)$ 之后，就可以大致预估算法的运行时间，算法大约需要进行 n^2 次计算，题目中 n 的上限是 10^5，那么 n^2 最大是 10^{10}，如今计算机 1s 大约能够进行 10^9 次计算，所以这段程序需要大约 10s，这是远远不够的，需要更快的算法。

2. 归并排序（Merge Sort）

这个排序算法使用了分治的思想，将在后续的章节中详细介绍，现在讲述归并排序算法的原理和时间复杂度。

现在假设这些数被分成了两部分，每部分都已从小到大完成排序，现在要想办法把它们合并起来。如图1.18和图1.19所示为归并排序的流程。

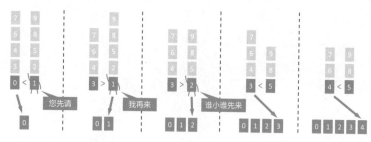

图 1.18　归并排序的流程（前半部分）

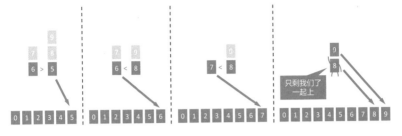

图1.19 归并排序的流程（后半部分）

如图1.18和图1.19所示，将所有的数字排成两个队列，较小的数字排在靠近队首的位置，对比队首的两个数字，把其中较小的放进新的队列末尾，重复该过程，就可以把两列合成一列了。

顺着这个思路，要得到1个已排序的数组，就需要2个已排序的数组；要得到2个已排序的数组，就需要4个已排序的数组；以此类推。整个数组并不能无限地分割下去，至多可以分成 n 个已排序的数组，其中每个数组只包含一个数字。

归并排序的过程就是先分割后合并的过程。

（1）如果数组长度为1，显然不需要排序，否则执行步骤（2）。

（2）递归地对左半部分排序。

（3）递归地对右半部分排序。

（4）合并左右两部分。

```
//归并排序中要用到的临时变量
int a_temp[100005];

//归并排序，对a[l],a[l+1],...,a[r-1]进行排序
void MergeSort(int a[], int l, int r) {
    //如果区间小到不能再分，停止递归
    if (r - l <= 1)return;
    //从中间切开
    int mid = (l + r) / 2;
    //分别对左右两侧的数据排序
    MergeSort(a, l, mid);
    MergeSort(a, mid, r);
    //归并
    int p1 = l, p2 = mid, tot = l;
    while (p1 < mid or p2 < r) {
        if (p2 == r)a_temp[tot++] = a[p1++];
```

```
        else if (p1 == mid)a_temp[tot++] = a[p2++];
        else if (a[p1] <= a[p2])a_temp[tot++] = a[p1++];
        else a_temp[tot++] = a[p2++];
    }
    //将临时变量数组中的数据放回原数组
    for (int i = 1; i < r; i++)a[i] = a_temp[i];
}
```

归并排序的时间复杂度怎样计算呢?下面把整个排序全部过程绘制出来，如图1.20所示。

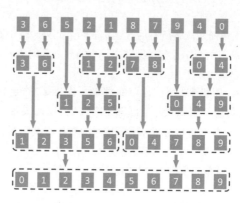

图1.20　归并排序的全部过程

把两个长度之和为 n 的数组合并起来，时间复杂度是 $O(n)$。假设 n 的大小恰好是 2^k，则算法需要合并2个长度为 $\frac{n}{2}$ 的数组，4个长度为 $\frac{n}{4}$ 的数组……n 个长度为1的数组，所以，整个过程的时间复杂度是

$$O\left(2 \times \frac{n}{2} + 4 \times \frac{n}{4} + \cdots + 2^k \times \frac{n}{2^k}\right) = O(n + n + \cdots + n) = O(n \log_2 n)$$

如果 n 并非恰好是 2^k，近似的计算次数也符合上面的时间复杂度。另外，由于 $\frac{\log_a n}{\log_b n} = \log_a b$，根据时间复杂度的定义，$O(\log_a n) = O(\log_b n)$，只要在时间复杂度中出现对数，无论底数是多少，对应的时间复杂度都是相等的，所以底数通常省略不写，归并排序的时间复杂度记为 $O(n \log n)$。

接下来根据时间复杂度估算程序的运行时间，当 n 达到 10^5 时，$n \log_2 n$ 约为 1660964，远小于 10^9，程序完全可以在1s内运行完毕，归并排序可以顺利通过这道题。

está marcado no topo

3. 快速排序

接下来，还有一个使用更广的排序算法——快速排序（Quick Sort），既然这个算法"嚣张地"称为快速排序，一定很快吧？是的，确实很快，下面我要仔细讲解。

首先，在数组中随机挑选一个数，称为"支点变量"，然后通过操作将它放到排序后的正确位置，至于其他变量，暂且不管。要完成该过程，需要把所有比它小的数放在左边，所有比它大（或者相等）的数放在右边，这个支点变量的位置自然而然就确定了。如图1.21所示为快速排序的流程。

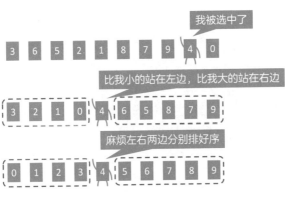

图1.21　快速排序的流程

接下来，把左右两部分分别交给另外两个人来排序，就大功告成了。那么另外两个人应如何做，当然是像小算一样，重复以上过程。然后再找4个人来排序。整个过程展开后如图1.22所示。

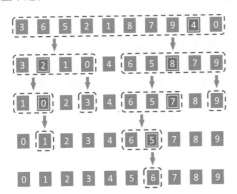

■：被选中的枢纽变量

图1.22　整个过程展开后

快速排序的思路和归并排序如出一辙，以下是参考代码。

```
//快速排序，对a[l],a[l+1],...,a[r-1]进行排序
void quicksort(int a[], int l, int r) {
    //递归边界条件为数据已排序，而非长度限制
    //这样可以避免大量数据重复时造成的耗时
    bool sorted = true;
    for (int i = l; i < r - 1; i++) {
        if (a[i] > a[i + 1]) {
            sorted = false;
            break;
        }
    }
    if (sorted)return;
    //随机选择支点变量
    int pivot = a[rand() % (r - l) + l], p1 = l, p2 = r - 1;
    //把小于pivot的数据放在左边，大于或等于pivot的数据放在右边
    while (1) {
        while (a[p1] < pivot)p1++;
        while (a[p2] >= pivot)p2--;
        if (p1 < p2)swap(a[p1], a[p2]);
        else break;
    }
    //分别对两边的数据进行递归排序
    quicksort(a, l, p1);
    quicksort(a, p1, r);
}
```

如果每次都能把数组分割成长度相同的两部分，那么时间复杂度与归并排序相同，都是 $O(n\log n)$。如果每次都恰好取到最小的数据，只能让数组长度缩小1，那么时间复杂度就退化到 $O(n^2)$，但这种情况很少发生，毕竟每次的支点变量都是随机挑选的，平均以后时间复杂度仍然是 $O(n\log n)$。

为什么这个排序算法叫作"快速"排序呢？虽然时间复杂度没有进一步降低，但是它并不需要大量额外的内存空间，在实践中，往往能达到比归并排序更高的效率，这个排序算法因此而得名。

1.3.2 低复杂度算法一定更快吗

低复杂度算法一定更快吗？这是个值得深思的问题，提出时间复杂度这个概念，就是为了预估程序执行的时间，所以时间复杂度可以在一定程度上体现程序

有多耗时，在大多数情况下，时间复杂度越低，程序执行的时间越短。

现在随机生成一组数据，分别用选择排序、归并排序、快速排序进行排序计算，在同一台计算机上，三个算法的时间分别为25736ms、13ms、12ms。可以看出，具有更低时间复杂度的归并排序和快速排序运行起来比选择排序快得多，归并排序和快速排序虽有相同的时间复杂度，但快速排序仍然略快一点。

这个例子说明，时间复杂度并非绝对的效率衡量标准，相同时间复杂度的算法之间仍有效率差距。另外，有时低时间复杂度的算法反而效率更低。例如，Python语言内置的整数变量在计算乘法时，使用的是时间复杂度为 $O(n^{\log_2 3})$ 的 Karatsuba算法，而不是时间复杂度为 $O(n\log n)$ 的快速傅里叶变换，因为前者在实践中被证明更快。时间复杂度仅仅是一个用来衡量和估计算法效率的工具，在条件允许的情况下，实践才是检验效率的最佳标准。

尽管前面介绍了三种排序算法，但小算仍然不建议在算法竞赛中使用这三种算法，原因是C++语言的STL中已经提供了足够好用的排序算法，调用起来也很方便。具体代码如下。

```cpp
#include <bits/stdc++.h>
using namespace std;

int n;
int a[100005];

int main() {
    //输入
    cin >> n;
    for (int i = 0; i < n; i++) {
        cin >> a[i];
    }
    //排序
    sort(a, a + n);
    //输出
    for (int i = 0; i < n; i++) {
        cout << a[i];
        if (i < n - 1) cout << " ";
        else cout << endl;
    }
    return 0;
}
```

这个sort函数内部，包含了多种排序算法，以快速排序为基础，在快速排序不够快时，用其他算法来做补充，集百家之所长，构建了极其高效的排序算法。

1.3.3 构建高效的算法

讲了这么多关于算法效率的理论，下面来动手实践，图1.23所示为关于算法的算法问题。

图1.23 小算想到了一个神奇的算法

深入浅出算法竞赛（图解版）

为了解决难题，小算想出了一个神奇的算法，这个算法恰好需要n^3+n^2+n+1次计算才能得出结果，其中的整数n是这个问题的规模，这个难题要求在1s内（包括1s）计算完毕。小算有m台计算机，每台计算机的计算速度各不相同，已知第i台计算机每秒至多可进行c_i次计算，请问每台计算机可以应对多大的问题规模n？

输入格式：

第1行是一个整数m，表示计算机的数量；第2行是m个以空格隔开的整数$c_0,c_1,\cdots,c_{m-1}$，表示每台计算机1s的计算次数。

输出格式：

输出一行，包含m个整数$n_0,n_1,\cdots,n_{m-1}$，需要保证当$n \leq n_i$时第i台计算机在1s内可以计算完毕，当$n > n_i$时第i台计算机在1s内无法计算完毕。

数据范围：

$1 \leq m \leq 10^5$；

$1 \leq c_0,c_1,\cdots,c_{m-1} \leq 10^8$。

样例输入：

3

10 1000000000 1000000000000000000

样例输出：

1 999 999999

看到这个题目，很容易想到一个简单的思路，m 从 0 开始逐渐增大，直到 $n^3+n^2+n+1>c_i$ 为止，就可以得到临界值 n_i 了。具体代码如下。

```cpp
#include <bits/stdc++.h>
using namespace std;

int m;
long long c[100005];

//时间复杂度
long long time_complexity(long long n) {
    return n * n * n + n * n + n + 1;
}

int main() {
    //输入
    cin >> m;
    for (int i = 0; i < m; i++) {
        cin >> c[i];
    }
    //计算并输出
    for (int i = 0; i < m; i++) {
        long long j = 0;
        while (time_complexity(j) <= c[i]) {
            j++;
        }
        cout << j - 1;
        if (i < m - 1) cout << " ";
        else cout << endl;
    }
    return 0;
}
```

在算法竞赛中不对时间复杂度进行任何分析就仓促实现算法是很危险的，简单的算法容易实现，效率却未必足够高。

下面分析时间复杂度，假设在最糟糕的情况下，$c_i=10^{18}$，n_i 约等于 $\sqrt[3]{c_i}$，如果把检验条件 $n^3+n^2+n+1>c_i$ 是否成立的时间复杂度认为是 $O(1)$，那么求解单个 n_i 的时间复杂度是 $O(\sqrt[3]{c_i})$，求解所有 n_i 的时间复杂度达到了 $O(m\sqrt[3]{c_i})$。当 $m=10^5$，$c_i=10^{18}$ 时，$m\sqrt[3]{c_i}=10^{11}$，这样的效率显然是不够的。

这个简单算法的本质是尝试——检验每一种可能的答案，每一次只能排除一个错误答案，优化的思路就是减少尝试的次数，更快地排除更多错误答案。

这个问题要求的答案，是满足 $n^3+n^2+n+1\leqslant c_i$ 的最大 n，这个 n 其实非常接近

方程 $n^3+n^2+n+1=c_i$ 的解。把函数 $f(n)=n^3+n^2+n+1$ 的函数图像绘制出来，再绘制一条 $y=c_i$ 的直线，两条曲线有一个交点，而要求的答案，恰恰是这个交点左侧最接近的整数点，如图1.24所示。

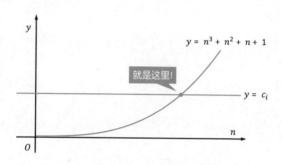

图1.24　两条曲线的交点

是时候使用绝技——二分法了，这是一种缩小答案所在范围的方法。最开始，虽然不知道答案在哪里，但可以给出一个大致的范围 $[0,10^6)$。

把这个范围的左端点记为 l，右端点记为 r，中点就是 $\dfrac{l+r}{2}$，中点把这段区间分成了左右两部分，交点位于其中一部分。不难发现，如果答案在范围 $[l,r)$ 中，左端点一定满足 $n^3+n^2+n+1 \leqslant c_i$，右端点一定满足 $n^3+n^2+n+1>c_i$。如果中点满足 $n^3+n^2+n+1 \leqslant c_i$，那么交点一定在范围 $\left[\dfrac{l+r}{2},r\right)$ 中，否则交点在范围 $\left[l,\dfrac{l+r}{2}\right)$ 中，如图1.25所示。

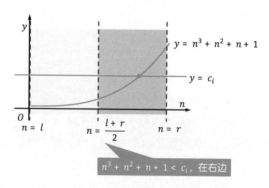

图1.25　判断答案在哪个部分

只需要检验中点，就可以把范围缩小到原来的一半。继续这样的操作，把范围缩小到原来的1/4、1/8、1/16……直到范围足够小，如图1.26所示，就可以得到交点的位置，就可以得到答案了。

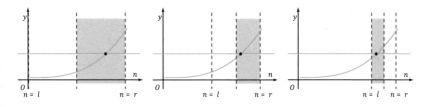

图1.26　逐渐缩小范围

在实现这个算法前，要再次分析时间复杂度，范围需要缩小 $\log_2 \sqrt[3]{c_i}$ 次，才能得到答案，所以求解单个 n_i 的时间复杂度是 $O(\log c_i)$，求解全部 n_i 的时间复杂度是 $O(m\log c_i)$，能够稳稳地通过这个题目测试。

好了，可以用代码实现该算法了。具体代码如下。

```cpp
#include <bits/stdc++.h>
using namespace std;

int m;
long long c[100005];

//时间复杂度
long long time_complexity(long long n) {
    return n * n * n + n * n + n + 1;
}
//找到满足n^3+n^2+n+1<=c的最大的n
int search_n(long long c) {
    //区间的左右端点
    long long L = 0, R = 1000000;
    //用二分法缩小范围
    while (R - L > 1) {
        //取中点
        long long mid = (L + R) / 2;
        //缩小范围
        if (time_complexity(mid) <= c) {
            L = mid;
        } else {
            R = mid;
```

```
        }
    }
    //范围足够小后，找到准确答案
    while (time_complexity(L + 1) <= c)L++;
    return L;
}

int main() {
    //输入
    cin >> m;
    for (int i = 0; i < m; i++) {
        cin >> c[i];
    }
    //计算并输出
    for (int i = 0; i < m; i++) {
        cout << search_n(c[i]);
        if (i < m - 1) cout << " ";
        else cout << endl;
    }
    return 0;
}
```

二分法是一个经典的算法实例，在本书后续的章节中，你将会看到更多有趣的算法实例。

第 2 章

细腻的"暴力"美学——穷举算法与贪心算法

本章将介绍两类基础的算法思想——穷举算法与贪心算法。穷举算法是借用计算机强大的计算力寻找答案的基本方法，贪心算法则是一种更快地寻找答案的思路。虽然穷举算法与贪心算法是最基础的算法思想，但是它们也能够构造出精妙的算法。

2.1 穷举算法

首先，介绍穷举算法，顾名思义，穷举算法就是把所有可能的答案遍历一遍，逐一检查，找到正确的答案。穷举算法看起来简单，所以又被称为"暴力算法"，它的优点是容易实现，不需要太多的代码就可以解决问题，缺点是时间复杂度较高。

在一些问题中，为了降低穷举算法的时间复杂度，可以进行"剪枝"。"剪去"显然不满足答案的解法，以缩小可行解的范围，提高计算效率。

2.1.1 素数判断

首先来看一个简单的数学问题——判断一个正整数是否为素数。素数是只有 1 和它自身两个因数的数，1 不是素数。

输入格式：

一个正整数 n。

输出格式：

如果 n 是素数，那么就输出 YES，否则就输出 NO。

数据范围：

$1 \leqslant n \leqslant 10^9$

样例输入：

283

样例输出：

YES

首先，有一个最朴素的算法，当 $n>1$ 时，从 2 开始逐一检查到 $n-1$ 为止的每一个整数，如果发现其中存在至少一个 n 的因数，那么 n 不是素数，否则 n 是素数。这个算法的正确性是毋庸置疑的，代码也不难实现。如图 2.1 所示，用最朴素的算法解决以上问题要遍历 $n-2$ 个整数。

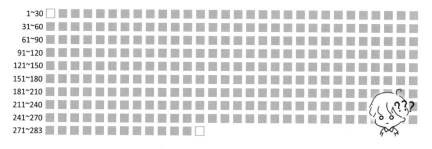

图2.1 遍历n–2个整数

具体代码如下。

```
#include <bits/stdc++.h>
using namespace std;

bool isPrime(int n) {
    //n=1的情况需要单独处理
    if (n == 1) return false;
    for (int i = 2; i < n; i++) {
        if (n % i == 0) return false; //如果n能被i整除,那么n就不是素数
    }
    return true;
}

int main() {
    //输入
    int n;
    cin >> n;
    //求解并输出
    if (isPrime(n)) cout << "YES" << endl;
    else cout << "NO" << endl;
    return 0;
}
```

下面分析时间复杂度,因为要遍历n–2个数值,所以时间复杂度是O(n)。

接下来,要考虑如何进行"剪枝"。判断一个数值是否为素数的关键在于能否在2 ~ n–1之间找到一个n的因数。在这个范围内,并不是每一个数值都有可能成为n的因数,一个正整数n的因数除了它自身以外,不可能有超过n/2的因数。例如,6、7、8、9不可能是10的因数。所以,只需要在2到n/2间遍历数值即可,如图2.2所示,要遍历的整数数量减小了一半。

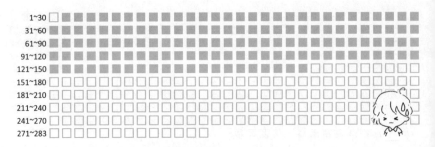

图2.2　要遍历的整数数量减小了一半

具体代码如下。

```
bool isPrime(int n) {
    //n=1的情况需要单独处理
    if (n == 1) return 0;
    for (int i = 2; i <= n / 2; i++) {
        if (n % i == 0) return false; //如果n能被i整除,那么n不是素数
    }
    return true;
}
```

如此轻易地就砍掉了一半可行解,但如果现在分析时间复杂度,还是$O(n)$,所以还要继续剪枝。

不难发现,n的因数是成对存在的,即如果i是n的因数,那么n/i也是n的因数。i和n/i一大一小,如果其中一个小于$\sqrt{n}$,那么另一个大于$\sqrt{n}$,反之亦然。所以,只需要确认$2 \sim \sqrt{n}$之间是否存在n的因数即可。如图2.3所示,要遍历的整数数量减小到$\sqrt{n}$。

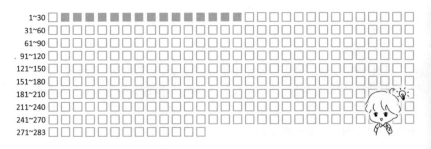

图2.3　要遍历的整数数量减小到$\sqrt{n}$

具体代码如下。

```
bool isPrime(int n) {
    //n=1的情况需要单独处理
    if (n == 1) return false;
    for (int i = 2; i * i <= n; i++) {
        if (n % i == 0) return false; //如果n能被i整除,那么n不是素数
    }
    return true;
}
```

至此,将素数判断算法的时间复杂度降低到 $O(\sqrt{n})$。

还能更快吗?答案是肯定的。如果一个数值能够分解成 i 和 n/i 的乘积,那么继续分解 i 和 n/i 会得到什么呢?

以整数280为例,其素因数分解如图2.4所示,得到了很多素数,这些素数也是 n 的因数。既然因数分解到最后是素数,那么就只需要检验 n 是否有素数因数就可以了?结合前面的思路,若要确认数字 n 是否是素数,只需要确认 $2 \sim \sqrt{n}$ 之间是否存在 n 的素数因数。虽然没有办法快速把 $2 \sim \sqrt{n}$ 之间的素数都找出来,再逐一测试是否为 n 的因数,但可以把 $2 \sim \sqrt{n}$ 之间的那些显然不是素数的数值删除。

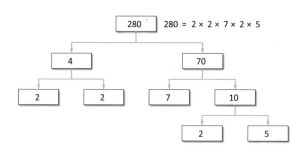

图2.4　整数280的素因数分解树形图

每一个正整数 n 都可以写成 $6k+i$ 的形式,其中 i 是 n 除以6的余数,那么,所有的正整数可以分成以下六类。

$$6k+0, 6k+1, 6k+2, 6k+3, 6k+4, 6k+5$$

当 $k \geq 1$ 时,$6k+0$、$6k+2$、$6k+4$ 是2的倍数,$6k+3$ 是3的倍数,所以这四类数不是素数。在遍历 $2 \sim \sqrt{n}$ 之间的数值时,要避开这四类数值,就可以将计算量缩减到原来的1/3,不过这不会再降低算法的时间复杂度了。如图2.5所示为继续减少要遍历的整数数量。

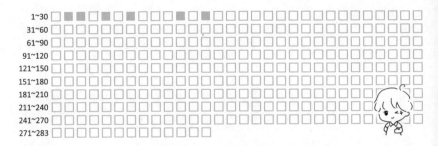

图2.5 继续减少要遍历的整数数量

具体代码如下。

```
bool isPrime(int n) {
    //n较小的情况需要单独处理
    if (n == 2 or n == 3 or n == 5)return true;
    if (n == 1 or n % 2 == 0 or n % 3 == 0 or n % 5 == 0)return false;
    //遍历2~sqrt(n)之间的6k+1与6k+5
    int i = 7;
    while (i * i <= n) {
        if (n % i == 0)return false;
        i += 4;
        if (n % i == 0)return false;
        i += 2;
    }
    return true;
}
```

如果把$6k+i$中的6换成30或其他数值，效率仍然能够提升，但效率提升的效果就不明显了。

至此，已经有了四种素数判断算法了，为了测试它们的效率，下面分别使用这四种算法对10^5以内的正整数进行计算，记录每个算法运行的时间，如图2.6所示。

算法	时间复杂度	运行时间
遍历2 ~ n - 1	$O(n)$	829 /ms
遍历2 ~ $n/2$	$O(n)$	567 /ms
遍历2 ~ $\sqrt{n}$	$O(\sqrt{n})$	8 /ms
遍历2 ~ $\sqrt{n}$ 之间形如 $6k + 1$ 和 $6k + 5$ 的数值	$O(\sqrt{n})$	3 /ms

图2.6 四种素数判断算法的运行时间

可以看出，对算法做出的优化效果是立竿见影的。越想要达到高效率，就越需要精细的剪枝，代码往往会变得更复杂。

2.1.2 关灯游戏

在某些问题中，穷举算法要遍历的可行解的数量可能是非常多的，现在来看下面这个问题。

放学了，小算在离开学校前要关闭教室的灯，教室里有 n 个灯排成一排，编号分别为 $0,1,\cdots,n-1$，每个灯都有一个对应的开关，然而每个开关除了控制着对应的灯以外，也控制着相邻的灯。如果按下第 i 个开关，那么第 $i-1$、i、$i+1$（如果存在的话）盏灯的开关状态会发生改变，打开的灯会关闭，关闭的灯会打开，如图2.7所示。

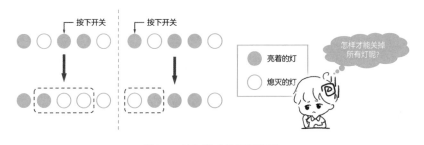

图2.7 关灯游戏的开关逻辑

小算至少需要按多少次开关才能把所有灯关闭呢?

输入格式：

第1行是一个整数 n，表示灯的个数；第2行是 n 个整数 $a_0,a_1,\cdots,a_{n-1}$，其中 $a_i=0$ 表示第 i 盏灯是关闭的，$a_i=1$ 表示第 i 盏灯是打开的。

输出格式：

输出一个整数，表示把所有灯关闭最少需要按开关的次数。

数据范围：

$1 \leqslant n \leqslant 10^5$；

$0 \leqslant a_0,a_1,\cdots,a_{n-1} \leqslant 1$。

输入的数据保证存在把所有灯关闭方法。

样例输入：

5

10110

样例输出：

2

首先来观察这个题目，寻找它的规律，不难发现以下两个结论。

（1）一个开关如果按两次，那么两次会抵消，所以每个开关至多按一次，如图2.8所示。

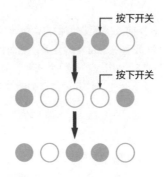

图2.8 一个开关按两次时效果抵消

（2）按开关的顺序与结果无关，如图2.9所示。

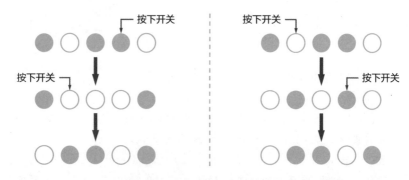

图2.9 按开关的顺序与结果无关

既然如此，每个开关要么只按一次，要么就不按，只有这两种情况。那么所有 n 个开关就有 2^n 种方案，遍历这些方案即可。

要遍历这 2^n 种方案，可以利用二进制。$0 \sim 2^n-1$ 之间的每一个数值，都可以写成一个 n 位二进制数，例如，十进制数11的二进制表示是1011，为了方便，把它倒过来，并在高位上填充0，也就是11010。每一个二进制位都代表了一个开关，1代表按下，0代表不按。因此11的二进制表示中，第0、1、3位是1，那么就代表按下0、1、3这三个开关，如图2.10所示。

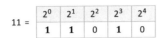

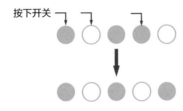

图2.10　用二进制表示按哪几个开关

用这样的方式，就可以遍历所有的2^n种方案，下面是详细的代码。

```cpp
#include <bits/stdc++.h>
using namespace std;

//灯的个数与每盏灯的状态
int n, a[100005];
//b数组用来存储某一方案对应的结果
int b[100005];

int solve() {
    //总方案数 =2的n次方
    int max_s = 1 << n;
    //最少需要按开关的次数
    int ans = n;
    //遍历0~2^n-1每一个数据，一个数据代表了一种方案
    for (int s = 0; s < max_s; s++) {
        //先把a数组复制到b数组中，在b数组中进行计算，避免覆盖原数据
        for (int i = 0; i < n; i++)b[i] = a[i];
        //click变量用来记录当前方案按的次数
        int click = 0;
        //进行二进制分解
        int temp = s;
        for (int i = 0; i < n; i++) {
            if (temp % 2 == 1) {
                //按下第i个开关，相关的三盏灯状态发生改变
                click++;
```

```
                b[i] = 1 - b[i];
                if (i > 0)b[i - 1] = 1 - b[i - 1];
                if (i < n - 1)b[i + 1] = 1 - b[i + 1];
            }
            temp /= 2;
        }
        //检验是否所有的灯已关闭
        bool close = true;
        for (int i = 0; i < n; i++) {
            if (b[i] == 1)close = false;
        }
        //更新答案
        if (close)ans = min(ans, click);
    }
    return ans;
}


int main() {
    //输入
    cin >> n;
    for (int i = 0; i < n; i++) {
        cin >> a[i];
    }
    //求解并输出
    cout << solve() << endl;
    return 0;
}
```

在代码中用一个整数来表示状态，但C++中的int数据类型仅仅是32位有符号整数，当n超过int数据类型能够存储的数据范围后，这段代码就无法正常求解了。即使用位数更多的数据类型来表示状态，时间复杂度也会非常高，即使只是遍历一遍方案数就已经超时了。所以，要对上述代码进行剪枝。

观察样例，第0个开关要不要按暂时不好确定，先假设不按第0个开关。再考虑第1个开关，此时发现，后面的所有开关都不能影响第0盏灯，要想关掉第0盏灯，就必须按下第1个开关，如图2.11所示。

按下第1个开关以后，关掉了第0盏灯，同时打开了第1盏灯，要关闭第1盏灯，就必须按下第2个开关，如图2.12所示。

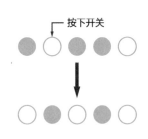

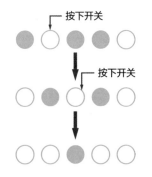

图 2.11 要想关掉第 0 盏灯就
必须按下第 1 个开关

图 2.12 要想关掉第 1 盏灯就
必须按下第 2 个开关

以此类推，如果第 i 盏灯是打开的，那就必须按下第 $i+1$ 个开关。图 2.13 所示为关闭所有灯的方案。

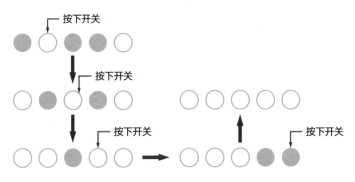

图 2.13 关闭所有灯的方案

也就是说，在第 0 个开关确定不按的前提下，后面的所有开关是可以依次确定的，在第 0 个开关确定按的前提下也类似。那么只考虑第 0 个开关按不按就可以了，直接把 2^n 种方案缩减到两种方案，时间复杂度也从原来的 $O(n \cdot 2^n)$ 降低到 $O(n)$。具体代码如下。

```
int solve() {
    int ans = n;
    //不按第 0 个开关
    for (int i = 0; i < n; i++)b[i] = a[i];
    int click = 0;
    for (int i = 0; i < n - 1; i++) {
```

细腻的『暴力 Brute』美学——穷举算法与贪心算法

```
        if (b[i] == 1) {
            click++;
            b[i] = 1 - b[i];
            b[i + 1] = 1 - b[i + 1];
            if (i + 2 < n)b[i + 2] = 1 - b[i + 2];
        }
    }
    if (b[n - 1] == 0)ans = min(ans, click);
    //按第0个开关
    for (int i = 0; i < n; i++)b[i] = a[i];
    b[0] = 1 - b[0];
    if (n > 1)b[1] = 1 - b[1];
    click = 1;
    for (int i = 0; i < n - 1; i++) {
        if (b[i] == 1) {
            click++;
            b[i] = 1 - b[i];
            b[i + 1] = 1 - b[i + 1];
            if (i + 2 < n)b[i + 2] = 1 - b[i + 2];
        }
    }
    if (b[n - 1] == 0)ans = min(ans, click);
    return ans;
}
```

在类似的一些问题中，用穷举算法进行求解并不难，难的是如何进行剪枝，把算法的时间复杂度降低到可接受的范围内，在有限的时间内完成计算。

2.2 从穷举算法到贪心算法

穷举算法通过遍历所有的可行解来"试"出最优解，但在很多情况下，可行解的范围非常大，计算所需的时间超出了可接受的范围，这时可以通过前面提到的剪枝方法来缩小穷举范围，但如果此时可行解范围依然很大怎么办？这时可以考虑使用贪心算法来解决问题。

2.2.1 买卖股票的最佳时机

　　小算是一个"优秀又不甘平庸的韭菜"，想要在股票市场上大赚一笔。这天小算又看中了一只潜力股。现在已知这只股票在 n 天内的价格为 $p_0,p_1,\cdots,p_{n-1}$，小算为了规避风险，只买了一股股票，小算在这 n 天内只有一次买卖机会，并且不能在买入股票当天或买入股票之前卖出股票，现在请你设计一个程序，计算出小算能获得的最大利润。如图2.14所示为该股票的股价波动曲线。

图2.14　股价波动曲线

输入格式：
第1行为一个整数 n，第2行为 n 个整数 $p_0,p_1,\cdots,p_{n-1}$，表示每天的股价。

输出格式：
输出一个整数，即最大利润。

数据范围：
$1 \leqslant n \leqslant 10^5$；
$1 \leqslant p_i \leqslant 10^4, i=0,1\cdots,n-1$。

样例输入：
6
5 8 1 4 6 5

样例输出：
5

　　由于只允许进行一次买卖，且卖出时间要在买入时间之后，最简单的办法就是对所有可能的买入和卖出时间进行遍历，并记录最大差值。用这样的穷举算法来解决问题，对你来说非常简单。具体代码如下。

```cpp
#include <bits/stdc++.h>
using namespace std;

//题目中的变量
int n, price[100005];

int main() {
    //输入
    cin >> n;
    for (int i = 0; i < n; i++) {
        cin >> price[i];
    }
    //求解
    int maxprofit = 0;
    for (int i = 0; i < n; i++) {
        for (int j = i + 1; j < n; j++) {
            if (price[j] - price[i] > maxprofit) {
                maxprofit = price[j] - price[i];
            }
        }
    }
    //输出
    cout << maxprofit << endl;
    return 0;
}
```

但我们此时已经不是平平无奇只会"暴力"穷举的选手了，我们要学会用贪心算法的思想来解决问题。什么是贪心算法呢？就是用当前看来最好的方案解决问题。

如图2.15所示，股票的价格可以用折线图来表示，对于一个投资者来讲，最贪心的投资方案显然是在低价时买入，在高价时卖出。具体一点，就是找到一个波峰和一个波谷，且波峰在波谷之后出现，使波峰和波谷在竖直方向上的差别最大，这样一来，在波谷处买入，在波峰处卖出，赚取的差价最大。

假设我们要在第 i 天卖出，那么就要在前 $i-1$ 天中的某一天买入，贪心地考虑，当我们在前 $i-1$ 天中以最低价买入时，赚的钱最多，这正是当前最好的方案。所以可以只遍历卖出的时间，买入的价格就是卖出前的最低价。与"暴力"的穷举算法相比，这样的贪心算法把时间复杂度从 $O(n^2)$ 降低到了 $O(n)$。

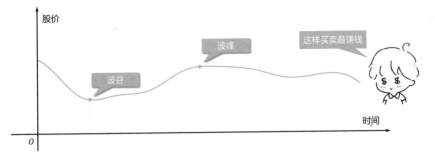

图2.15　股价折线图

下面给出代码实现方案。

```cpp
#include <bits/stdc++.h>
using namespace std;

//题目中的变量
int n, price[100005];

int main() {
    //输入
    cin >> n;
    for (int i = 0; i < n; i++) {
        cin >> price[i];
    }
    //求解
    int maxprofit = 0, minprice = 10000;
    for (int i = 0; i < n; i++) {
        if (price[i] - minprice > maxprofit) {
            maxprofit = price[i] - minprice;
        }
        if (price[i] < minprice) {
            minprice = price[i];//维护一个最小值
        }
    }
    //输出
    cout << maxprofit << endl;
    return 0;
}
```

从这个简单的问题中，可以看到贪心算法其实可以看作一种得到最优解的思想，也可以看作降低穷举算法时间复杂度的一种优化方案。

2.2.2 物流站的选址（一）

在股票市场中大赚一笔后，小算成立了一家物流公司，要在全国范围内建设物流运输网络，首先要从小算的家乡开始。小算的家乡共有 n 个地点可以建设物流站，每一个物流站都只能对附近直线距离为 a_i 以内区域（含边界）中的居民点进行配送，另外，小算的家乡有 m 个居民点需要提供物流配送服务。

小算作为一个关心家乡的老板，既要满足所有居民的需求（即每个居民点至少有一个可以提供服务的物流站），又要保障公司的利益（即建立较少的物流站），小算必须担任物流站选址规划的重任，要计算最少需要建设多少物流站才能服务到每一个居民点。

为了简化问题，物流站和居民点都可以看作二维平面上的点，物流站和居民点之间的距离就是两点间的直线距离，如图2.16所示。

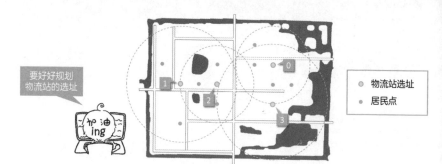

图2.16 居民点与物流站选址分布示意图

输入格式：

第1行有两个整数 n 和 m，分别表示物流站选址的个数和居民点的个数；接下来的 n 行，每行有3个整数 x_i、y_i 和 a_i，表示第 i 个物流站选址的坐标以及它的配送范围；再接下来 m 行，每行有2个整数 u_j 和 v_j，表示第 j 个居民点的坐标。

输出格式：

输出为一个整数，表示物流站的最小建造数量。

数据范围：

$1 \leqslant n,m \leqslant 16$；
$-10^4 \leqslant x_i,y_i,u_j,v_j \leqslant 10^4; i=0,1\cdots,n-1; j=0,1\cdots,m-1$；
$0 < a_i \leqslant 10^4$。

样例输入：

4 9

2 1 2

-3 0 3

-1 0 2

2 -1 3

1 2

-4 1

-1 1

1 1

-2 0

2 0

3 0

-1 -1

-3 -2

样例输出：

2

以上问题可以抽象地认为是一个集合覆盖问题，每一个物流站的服务范围是一个集合，在这些集合里挑选最少的几个集合，来覆盖每一个居民点。

注意本题的数据范围比较小，*n* 最大只有 16，所以用穷举算法就足以解决，代码的写法和"关灯游戏"类似。

```cpp
#include <bits/stdc++.h>
using namespace std;

//题目中的变量
int n, m, x[20], y[20], a[20], u[20], v[20];
//用来标记每个居民点是否在服务范围内
bool flag[20];
//判断物流站i能否服务居民点j
bool can_serve(int i, int j) {
    return (x[i] - u[j]) * (x[i] - u[j]) + (y[i] - v[j]) * (y[i] - v[j]) <=
 a[i] * a[i];
}
int solve() {
    //总方案数=2的n次方
    int max_s = 1 << n;
    int ans = n;
    for (int s = 0; s < max_s; s++) {
```

```
            int station = 0; //当前方案的物流站个数
            for (int j = 0; j < m; j++)flag[j] = false;
            int temp = s;
            for (int i = 0; i < n; i++) {
                if (temp % 2 == 1) {
                    station++;
                    //将物流站i服务范围内的每一个居民点打上标记
                    for (int j = 0; j < m; j++) {
                        if (can_serve(i, j))flag[j] = true;
                    }
                }
                temp /= 2;
            }
            //判断当前方案能否覆盖每一个居民点，并更新答案
            int num = 0;
            for (int j = 0; j < m; j++)if (flag[j])num++;
            if (num == m)ans = min(ans, station);
        }
    return ans;
}

int main() {
    //输入
    cin >> n >> m;
    for (int i = 0; i < n; i++) {
        cin >> x[i] >> y[i] >> a[i];
    }
    for (int j = 0; j < m; j++) {
        cin >> u[j] >> v[j];
    }
    //求解并输出
    cout << solve() << endl;
    return 0;
}
```

对于算法竞赛中的题目而言，这样的算法足够了，但现实中的问题可能没有这么简单，物流站选址与居民点的个数可能非常多，穷举算法难以在短时间内完成计算，那么有没有时间复杂度更低的解法？很遗憾，集合覆盖问题是一个难题，也就是说，根本不存在能够解决这个问题的多项式时间复杂度算法。那如果强行使用贪心算法呢？

直观地考虑，既然要覆盖每一个居民点，那么每次都要尽可能多地覆盖几个居民点，这正是贪心算法的核心思想。具体一点，用贪心算法解决这个问题的步

骤如下。

（1）选一个包含最多未被覆盖的居民点的物流站站址，在此处新建物流站。

（2）重复步骤（1），直到所有居民点都被覆盖。

以样例为例，用这样的算法求解，第1个物流站建在最左边的1号位置，会有最多5个居民点被纳入服务范围，如图2.17所示。

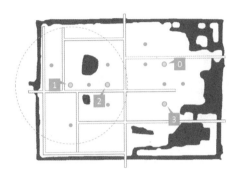

图2.17　第1个物流站选在1号位置

在建造第2个物流站时，选在0、2、3号位置分别会有4、0、3个居民点被纳入服务范围，所以要选在0号位置，如图2.18所示。

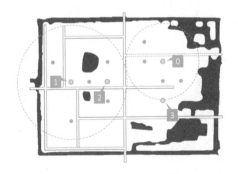

图2.18　第2个物流站选在0号位置

贪心算法在这个样例中恰好得到了最优解，但正如前面提到的，根本不存在解决这个问题的快速解法，贪心算法计算出的结果并不一定是最优解，但这个结果不会太差，对于物流站的选址规划仍然具有参考价值，同时也大幅度降低了程序运行所需要的时间。具体代码如下。

```
#include <bits/stdc++.h>
using namespace std;
```

```
//题目中的变量
int n, m, x[20], y[20], a[20], u[20], v[20];
//用来标记每个居民点是否在服务范围内
bool flag[20];
//记录新建物流站i后，新增覆盖的居民点个数
int new_num[20];
//判断物流站i能否服务居民点j
bool can_serve(int i, int j) {
    return (x[i] - u[j]) * (x[i] - u[j]) + (y[i] - v[j]) * (y[i] - v[j]) <=
a[i] * a[i];
}
int solve() {
    //当前覆盖的居民点个数
    int num = 0;
    //需要建造的物流站个数
    int station = 0;
    while (num < m) {
        //选一个包含最多未被覆盖的居民点的物流站，将它作为一个修建点
        int new_station = 0;
        for (int i = 0; i < n; i++) {
            new_num[i] = 0;
            for (int j = 0; j < m; j++) {
                if (flag[j] == false and can_serve(i, j))new_num[i]++;
            }
            if (new_num[i] > new_num[new_station])new_station = i;
        }
        //在该处新建物流站，更新相关变量
        for (int j = 0; j < m; j++) {
            if (flag[j] == false and can_serve(new_station, j)) {
                flag[j] = true;
                num++;
            }
        }
        station++;
    }
    return station;
}

int main() {
    //输入
    cin >> n >> m;
    for (int i = 0; i < n; i++) {
```

```
        cin >> x[i] >> y[i] >> a[i];
    }
    for (int j = 0; j < m; j++) {
        cin >> u[j] >> v[j];
    }
    //求解并输出
    cout << solve() << endl;
    return 0;
}
```

2.3 贪心算法

贪心算法的核心思想就是每一步都选择在当前看来的最优解，也许最终不会得到最优结果，但会接近最优结果。然而在一些问题中，需要的是精确的最优解，而不是一个接近最优结果的解，所以，使用贪心算法解决问题时，需要仔细地验证贪心算法得到的是不是最优解，这可能并非易事。

2.3.1 物流站的选址（二）

小算为了扩大物流运输服务的范围，打算开辟一条新的物流运输线路，这条线路可以认为是数轴上长度为 L 的线段，在坐标 $0,1,\cdots,L$ 上有 $L+1$ 个居民点，需要在其中若干居民点建设物流站，每一个物流站都只能对线路上直线距离 a_i 以内的区域（含边界）提供服务。这条物流运输线路很长，并非每个居民点都可以建设物流站，但为了满足长距离运输的需求，线路上每一个居民点都必须在服务范围内，现在小算需要重新考虑物流站选址的问题，如图 2.19 所示。

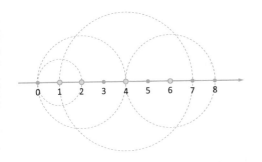

图 2.19　运输线路上的居民点示意图

输入格式：

第1行是两个整数 n,L，分别表示物流站选址的个数和物流运输线路的长度；接下来 n 行，每行有两个整数 x_i, a_i，表示第 i 个物流站选址的坐标和服务距离。

输出格式：

输出一个整数，表示把物流运输线路上每一个点纳入服务范围需要的最小物流站数量，如果无法把每一个点纳入服务范围，输出 –1。

数据范围：

$1 \leqslant n \leqslant 2000$；

$1 \leqslant L, a_0, a_1, \cdots, a_{n-1} \leqslant 10^9$。

$0 \leqslant x_0, x_1, \cdots, x_{n-1} \leqslant L$。

样例输入：

4 8

4 3

1 1

6 2

2 2

样例输出：

2

这个问题和前一个问题相比非常相似，只不过从二维的平面问题变成了一维的线段问题。

以样例为例，按照前一个问题中贪心的思路，每次尽可能增加服务范围，得到的结果如图2.20所示。

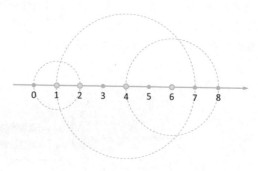

图2.20　用贪心算法得到的结果

但是，最优解显然不需要三个物流站，两个就够了，如图2.21所示。

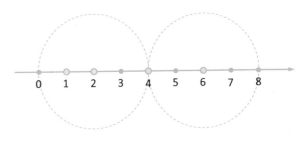

图2.21　最优解

这个例子再次说明了用贪心算法的思想解决问题时只考虑眼前利益并不一定能得到最优解。现在换一种贪心算法的思路，从最左侧开始，每次在左侧尽可能增加服务范围，这样的思路恰好得到了最优解。同样是贪心算法，为什么这个思路就可以得到最优解呢？下面来分析原因。

首先要注意的是，物流站的选址规划与顺序无关，所以从左侧开始和从右侧开始建设物流站都可以。

考虑最左侧的居民点0，能覆盖到这个点的物流站有两个，分别位于位置1和位置2，这两个物流站至少要建一个，当前看来，位于位置2的物流站更优，因为它可以覆盖更多居民点。对于整个方案来说，如果选择在位置1建设物流站，那么还需要覆盖{3,4,5,6,7,8}居民点，如果选择在位置2建设物流站，那么还需要覆盖{5,6,7,8}居民点，是前者的子集。所以选择在位置2建设物流站对于整个方案来说是最优的选择，如图2.22所示。

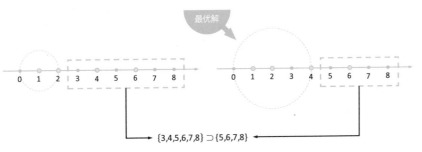

图2.22　在位置2建设物流站是最优解

未被覆盖的居民点5，也用类似的思路分析，在位置4和位置6中选择，左侧增加的服务范围越大，剩余需要覆盖的居民点越少，这种贪心的思路可以保证每一步决策都是全局最优的，如图2.23所示。

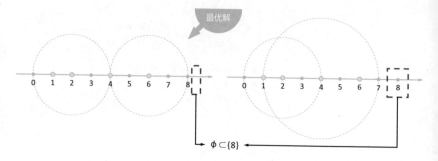

图2.23 在位置6建设物流站是最优解

　　前面证明了贪心算法在建设物流站问题中可以得到最优解。在证明过程中的每个步骤，都需要仔细地比较两种决策，通过比较决策后仍需解决的问题，证明了当前最优决策恰好是全局最优决策。具体实现代码如下。

```cpp
#include <bits/stdc++.h>
using namespace std;

//物流站选址个数、线路长度
int n, L;
//物流站坐标与服务范围
int x[2005], a[2005];

int solve() {
    //当前未覆盖的最左侧的居民点
    int r = 0;
    //物流站数量
    int num = 0;
    while (r <= L) {
        //寻找下一个物流站选址
        int nex = -1;
        for (int i = 0; i < n; i++) {
            if (x[i] - a[i] <= r and r <= x[i] + a[i]) {
                if (nex == -1 or x[nex] + a[nex] < x[i] + a[i]) {
                    nex = i;
                }
            }
        }
        //如果没有任何物流站可以覆盖坐标r处的居民点，返回-1
        if (nex == -1)return -1;
        //更新r和num
```

```
        r = x[nex] + a[nex] + 1;
        num++;
    }
    return num;
}

int main() {
    //输入
    cin >> n >> L;
    for (int i = 0; i < n; i++) {
        cin >> x[i] >> a[i];
    }
    //求解并输出
    cout << solve() << endl;
    return 0;
}
```

　　既然这种贪心算法的思路可以得到全局最优解，那么为什么在前面的二维平面建物流站时，不能用贪心算法得到最优解呢? 因为二维比一维要复杂得多，比较两个物流站选址的优劣时，关键是要比较决策后仍需解决的问题，这在二维平面中是很困难的。

　　例如在图 2.24 中，要比较物流站选址 1 和物流站选址 3，在物流站选址 1 处建立物流站后，还需要再覆盖居民点 {(1,2),(1,1),(2,0),(3,0)}，在物流站选址 3 处建立物流站后，还需要再覆盖居民点 {(1,2),(−4,1),(−1,1),(−2,0),(−3,−2)}，这两个集合之间没有包含或被包含的关系，也就没办法直接判断两种决策的优劣, 如图 2.24 所示。

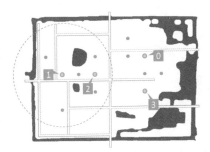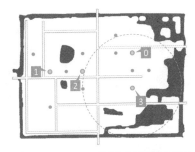

未被覆盖的居民点: {(1,2),(1,1),(2,0),(3,0)}和{(1,2),(−4,1),(−1,1),(−2,0),(−3,−2)}没有包含和被包含关系

图 2.24　二维平面上无法根据未被覆盖居民点的集合包含关系选取最优解

　　为了在各地建设物流站，小算忙前忙后，连续几天的工作后，小算终于迎来了一天的休息日，打开计算机，开始玩一个回合制游戏。在该回合制游戏中，小算扮演勇者，在前往拯救公主的路上，魔王派出了 n 只怪物阻挡勇者前进，每一个怪物都有一定的血量（游戏人物的生命值）h_i 和攻击力 a_i，如图2.25所示。

图2.25　勇者与怪物

　　每个回合中，首先所有未被打败的怪物会一哄而上攻击小算扮演的勇者，第 i 只怪物会造成 a_i 点的伤害，勇者受到的伤害等于每个怪物造成的伤害的总和，如图2.26所示。

图2.26　每个回合怪物们先攻击勇者

　　当然，勇者也会攻击，勇者一次只能选择其中一只怪物进行攻击，第 i 个怪物需要攻击 h_i 次才能被打败，如图2.27所示。

图2.27　勇者选择其中一只怪物进行攻击

　　勇者不能逃避，必须选择攻击，现在用算法采取最优决策，规划攻击每个怪物的顺序，计算出勇者打败所有怪物时受到的最小伤害。

输入格式：

　　第1行有一个整数 n，表示怪物的数量；接下来 n 行，每一行有两个整数 a_i, h_i，表示第 i 个怪物每回合可造成 a_i 的伤害，且需要 h_i 回合才能被打败。

输出格式：

　　输出一个整数，表示打败所有怪物时受到的最小伤害。

数据范围：

$1 \leqslant n \leqslant 10^5$；

$1 \leqslant a_0, a_1, \cdots, a_{n-1}, h_0, h_1, \cdots, h_{n-1} \leqslant 10^6$。

样例输入：

5

1 9

3 4

2 2

6 3

3 3

样例输出：

109

　　先从最简单的例子开始分析，如果只有一只怪物，打败它需要 h_0 回合，每回合受到 a_0 的伤害，总共受到的伤害就是 $a_0 h_0$，如图2.28所示。

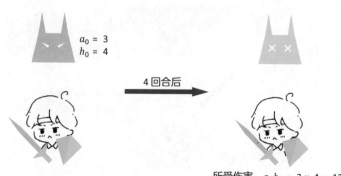

所受伤害：$a_0 h_0 = 3 \times 4 = 12$

图2.28　只有一只怪物时勇者所受伤害

如果有两只怪物呢？例如，其中一只 $a_0=2, h_0=2$，另一只 $a_1=3, h_1=4$。

- 从怪物攻击力的角度考虑，第2只怪物的攻击力更大，每回合对勇者的伤害更大，所以要优先打败第2只怪物。
- 从回合数的角度考虑，打败第2只怪物需要的回合数更多，这意味着，如果先打败第2只怪物，第1只怪物对勇者造成伤害的回合数会更多，所以要优先打败第1只怪物。

怎么办？这种情况就需要写程序模拟，图2.29所示为有两只怪物时勇者所受的伤害。

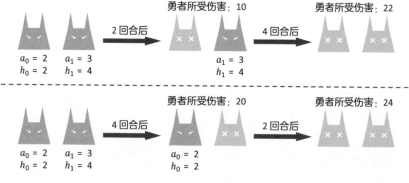

图2.29　有两只怪物时勇者所受的伤害

```
//用结构体表示一个怪物
struct monster {
    long long a, h;
```

```
};
//判断是否应该先打败怪物m1
bool compare(monster m1, monster m2) {
    //计算先打败m1时受到的伤害
    long long damage1 = (m1.a + m2.a) * m1.h + m2.a * m2.h;
    //计算先打败m2时受到的伤害
    long long damage2 = (m1.a + m2.a) * m2.h + m1.a * m1.h;
    //比较两个伤害，决定先打败哪一只怪物
    if (damage1 < damage2)return true;
    else return false;
}
```

　　有两只怪物时应如何攻击的问题解决了，那有 n 只怪物呢？此时需要一个最优的排序，刚刚用代码实现的规则恰好可以用作排序的规则。C++中的sort函数允许自定义排序规则，具体实现现代码如下。

```
#include <bits/stdc++.h>
using namespace std;

//用结构体表示一个怪物
struct monster {
    long long a, h;
};
//判断是否应该先打败怪物m1
bool compare(monster m1, monster m2) {
    //计算先打败m1时受到的伤害
    long long damage1 = (m1.a + m2.a) * m1.h + m2.a * m2.h;
    //计算先打败m2时受到的伤害
    long long damage2 = (m1.a + m2.a) * m2.h + m1.a * m1.h;
    //比较两个伤害，决定先打败哪一只怪物
    if (damage1 < damage2)return true;
    else return false;
}

//怪物数量
int n;
//怪物数量
monster m[100005];

int main() {
    //输入
    cin >> n;
    for (int i = 0; i < n; i++) {
```

```
        cin >> m[i].a >> m[i].h;
    }
    //排序
    sort(m, m + n, compare);
    //计算勇者受到的总伤害
    long long damage = 0, round = 0;
    for (int i = 0; i < n; i++) {
        round += m[i].h;
        damage += round * m[i].a;
    }
    //输出
    cout << damage << endl;
    return 0;
}
```

利用自定义的排序规则，得到了最优的顺序，从1只怪物到2只怪物，再到 n 只怪物，该算法都能完美解决。贪心算法的奇妙之处在于，确定好最基本的逻辑后，上层的排序算法会解决剩下的所有事情。可以仔细思考一个问题，是不是任何一种规则都能成为排序的规则呢。当然不是，因为自定义排序规则时，实际是在定义"<"，一个良好的"<"，需要满足以下条件。

（1）任何两个元素 a、b 都能通过定义的"<"比较大小，即 $a<b$ 要么成立，要么不成立。

（2）任何两个元素 a、b 之间的大小关系不能冲突，即 $a<b$ 和 $b<a$ 不能同时成立。

（3）"<"满足传递性规则，即若 $a<b$，$b<c$，则 $a<c$。

以上条件可以保证排序算法能够找到合理的顺序，如果排序规则不满足这些条件，将可能导致各种问题，所以在定义排序规则时要谨慎。

2.3.3　快递包装

建设好物流运输网络后，小算想要提高物流运输的效率，于是在物流站引进了一套自动化快递打包系统。只需要把快递摆放在传送带上，传送带就会自动把货物运输到打包机械臂下方，打包机械臂会根据货物调整到合适的大小，只需要1min就可以完成一件快递的打包工作。等机械臂打包完成后，传送带才会慢慢移动，送来下一件货物，如图2.30所示。

每件快递大小不一，并已知每件快递的高度和长度。打包台会依次对传送带上的每件快递进行打包，特别地，如果后一件快递的高度和长度分别都不大于当前快递的高度和长度，那么机械臂打包完当前快递后不需要调整即可立即对后一件快递进行打包，否则需要1min来做调整，此外，第1件快递打包时也需要花时间做调整。小算想要尽可能提高快递打包的效率，请你来计算小算最少需要多久才能完成打包工作。

实现快递打包自动化

图2.30　快递与传送带

注意，为了保证货物安全，快递不能随意旋转。

输入格式：
第1行为一个整数 n，表示快递的数量；
第2行为 n 个整数 $L_0, L_1, \cdots, L_{n-1}$，表示每件快递的高度；
第3行为 n 个整数 $W_0, W_1, \cdots, W_{n-1}$，表示每件快递的长度。

输出格式：
一个整数，表示打包完所有快递需要的最短时间，单位是 min。

数据范围：
$1 \leqslant n \leqslant 10^3$；
$1 \leqslant L_i, W_i \leqslant 10^5$。

样例输入：
6
8 5 7 4 5 3
8 7 6 4 7 7

样例输出：
8

这个问题看起来有些难，所以要先试着分析问题。每件快递打包需要的时间都是1min，所以要尽可能缩短打包台做调整的时间。可以再进一步，把这些快递分到若干个队列中，再对每个队列中的快递打包时，打包台只需在队首做出一次调整即可，需要用最少的队列容纳所有的快递。

另外，可以发现最优的方案并不是唯一的，例如，图中有两种最优方案，要尝试构造出一种最优方案，如图2.31所示。

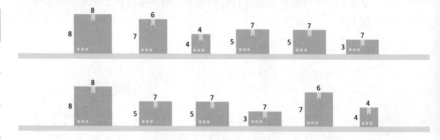

图2.31　最优的方案不唯一

　　凭感觉判断，把高度和长度比较大的快递放在前面，高度和长度比较小的快递放在后面，更有可能减小打包台做出调整的次数。那么先按照上述原则排序，即先按高度从大到小排序，对于高度相同的快递，再按照长度从大到小排序。在代码实现上，编写好排序的规则后，C++语言中的sort函数会自动排序，如图2.32所示。

图2.32　将快递排序

　　不过按照这样的顺序打包不一定是最优方案，所以继续往下分析。
　　打包台打包完一件快递后，如果可以直接打包另一件快递，那么就在图中用一个箭头把这两件快递连接起来。对于高度和长度不相等的快递，箭头只可能从前边的快递连接到后边，而对于那些高度和长度分别相等的快递，完全可以看作一个整体，可以放在一起依次打包，如图2.33所示。

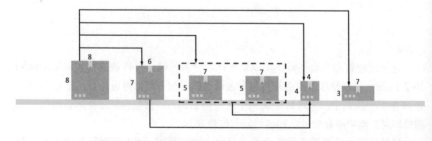

图2.33　某些快递打包完后，可以直接打包另一件快递

虽然这个顺序不是最优方案，但这个顺序给我们提供了一些线索，如果快递A和快递B在最优方案中处于同一个队列，且快递A在快递B的前面，那么在这个排序中快递A一定在快递B的前面，所以可以按照这个顺序把快递分配到若干个队列中，依次把每个快递放在某个队列的末尾，就能得到最优方案。

首先，给第1件快递建立一个新队列来容纳它，如图2.34所示。

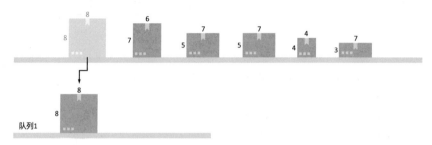

图2.34　给第1件快递建立一个新队列来容纳它

对于第1件快递，有两种处理方式，一种是放在第1个队列的队尾，另一种是给它新建一个队列。一个队列后续能够容纳的快递取决于队尾的快递高度和长度，比较这两种处理方式，前者相当于产生了一个队尾是(7,6)的队列和一个队尾是$(+\infty,+\infty)$的队列，后者产生了一个队尾是(7,6)的队列和一个队尾是(8,8)的队列，显然前者更可能容纳更多快递，是最优解，如图2.35所示。

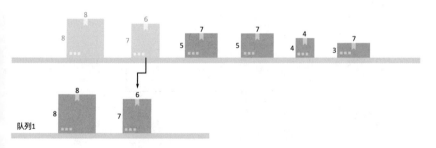

图2.35　将第2件快递添加到队列中

第3件和第4件快递的高度和长度分别相等，可以把它们放在一起考虑。此时它们长度大于前一个快递，因此只能给它们新建一个队列，如图2.36所示。

深入浅出算法竞赛（图解版）

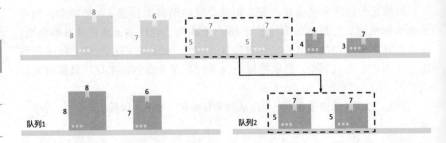

图2.36　打包第3件和第4件快递

接下来快递(4,4)面临的决策就多了，有以下三种方案。

（1）新建队列。

（2）放在队列1的快递(7,6)后面。

（3）放在队列2的快递(5,7)后面。

与第2件快递类似，相比起放在某个队列的末尾，新建队列显然是不划算的，所以要在方案（2）和方案（3）中选择。

要放在哪个队列的末尾呢？有没有快递(5,7)能容纳但快递(7,6)不能容纳的快递呢？有，如位于排序最后的快递(3,7)。有没有快递(7,6)能容纳但快递(5,7)不能容纳的快递呢？注意此时已经按照高度排序了，所以后续快递的高度全都不超过5，后续的快递只要能被快递(7,6)容纳，就一定能被快递(5,7)容纳。

既然快递(5,7)能够容纳更多快递，那么就把快递(4,4)放在快递(7,6)后面，保留快递(5,7)，如图2.37所示。

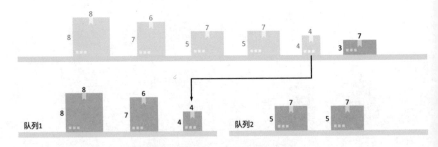

图2.37　打包第5件快递

最后一件快递放在快递(5,7)的后面，大功告成，如图2.38所示。

经过分析，每一步对于整个方案来说都是最优的，构造最优方案的过程如下。

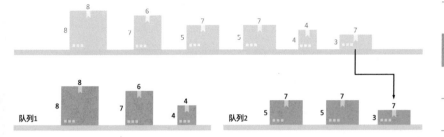

图2.38　打包最后一件快递

（1）如果没有任何队列可以容纳某快递，那么就新建一个队列容纳它。

（2）如果有队列能够容纳该快递，那么一定不要新建队列。

（3）如果有多个队列可以容纳这件快递，那么把它放在最早出现的队列末尾。

总结成一句话——依次把每个快递放在最早出现的能容纳该快递的队列末尾，如果没有则新建队列。是的，结论就是这样简单，一连串的分析得到了一个结论——贪心算法得到的方案是最优方案。算法不难，但寻找正确算法的过程却是不易的。具体的实现代码如下。

```cpp
#include<bits/stdc++.h>
using namespace std;

//每件快递用一个结构体来表示高度和长度
struct Package {
    int L, W;
};
//排序规则
bool compare_package(const Package &a, const Package &b) {
    if (a.L != b.L)return a.L > b.L;
    else return a.W > b.W;
}
//快递数量
int n;
//历数每件快递
Package package[1005];
//每个队列的队尾的快递
Package tail[1005];

int main() {
    //输入
    cin >> n;
```

```
for (int i = 0; i < n; i++) {
    cin >> package[i].L;
}
for (int i = 0; i < n; i++) {
    cin >> package[i].W;
}
//排序
sort(package, package + n, compare_package);
//队列数量
int queue_num = 0;
for (int i = 0; i < n; i++) {
    bool flag = true;
    for (int j = 0; j < queue_num; j++) {
        //找到最早出现的能容纳这件快递的队列
        if (tail[j].L >= package[i].L and tail[j].W >= package[i].W) {
            tail[j] = package[i];
            flag = false;
            break;
        }
    }
    //如果没有能容纳这件快递的队列，则新建队列
    if (flag) {
        tail[queue_num] = package[i];
        queue_num++;
    }
}
//输出，答案=队列个数+快递个数
cout << queue_num + n << endl;
return 0;
}
```

2.4 "暴力"的算法与精妙的结论

　　计算机与人类大脑相比，优势在于能够快速地进行机械化的计算，计算机可以替代人类进行一部分重复的劳动。即使是最简单的穷举算法，也能在很多领域中发挥重要作用。在数学的发展历程中，一部分数学定理就是在计算机的辅助下完成证明的。

1852 年，英国人格斯里（Guthrie）在研究各个国家地图的构形时，提出了四色猜想（Four Color Conjecture）——任何一个平面地图都可以使用四种颜色进行染色，使相邻的地区颜色不同，如图2.39所示。

　　这个简洁的猜想看似简单，但当格斯里试图利用数学知识进行证明时，发现无从下手，为此，他请教了好几位数学家。很快他的四色猜想迅速在数学界传播开来，引起了众多数学家的研究兴趣。

　　1879年，《自然》杂志登载了英国数学家肯普（Kempe）完成四色猜想证明的消息，肯普在《美国数学杂志》上发表了完成的证明过程。在肯普的证明发表的11年之后，希伍德（Heawood）指出肯普的证明过程存在错误，后来肯普承认自己的证明确实存在缺陷，并表示无法修正这个错误。如图2.40所示为英国数学家肯普。

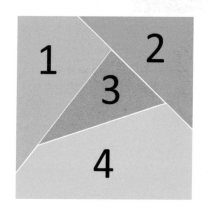

图2.39　四色猜想

图2.40　英国数学家肯普

　　此后的历史中，四色猜想经历了研究、证明、否定、再研究、再证明、再否定的反复过程，成为了世界上著名的数学难题。

　　1976年，阿佩尔（Appel）与哈肯（Haken）找到了一种新的证明思路，他将四色猜想问题归结为另一抽象的问题，得到一个由1936个构形组成的"不可避免集"，只要证明这1936个构形都是"可约构形"，就可以证明四色猜想。这样庞大的计算量如果人工完成，则需要大量的时间，于是他使用了伊利诺伊大学的大型计算机IBM 360，如图2.41所示。穷举每一种情况，经过1200h的验证，终于完成了四色猜想的证明。从此以后，四色猜想更名为四色定理。

　　四色定理的证明展示了计算机科学在数学界的作用，现阶段的计算机固然无法像人类一样思考，真正的人工智能还未实现，所以需要把数学问题转化为计算机可以"理解"的抽象逻辑问题，以便让计算机对所有情况逐一进行验证，从而完成证明。

图2.41 伊利诺伊大学的大型计算机IBM 360

不过，并非所有数学难题都可以交给计算机来解决，例如哥德巴赫猜想（Goldbach's Conjecture）——任何一个大于2的偶数都可以表示成两个素数的和，如图2.42所示。

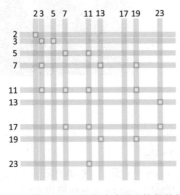

□ 40 以内大于 2 的偶数

图2.42 40以内大于2的偶数都可以表示成两个素数的和

对于某一个大于2的偶数，我们用穷举算法来找到两个素数不难，这两个素数的和恰好是这个数值。然而，计算机只能对有限的情况进行验证，大于2的偶数有无限多个，无法对每一个都进行验证，哥德巴赫猜想至今仍未被证明，被称为"数学皇冠上的明珠"，亟待后人解决。

虽然计算机解决高深的数学问题还存在着一定的难度，但在较为初等的数学领域，我们已经有了成熟的工具——计算机代数系统。在数学研究中，充分利用了计算机可以进行快速计算的特点，目前的计算机代数系统已经能够进行表达式的化简与求值、因式分解、微分与积分、求解方程组与微分方程组、矩阵运算、级数求和等复杂的计算，如图2.43所示。

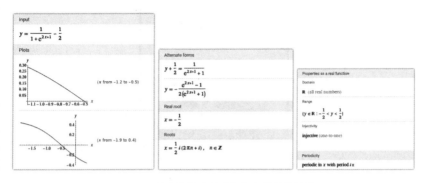

图2.43　数学软件能够进行复杂的数学计算

这些高深的数学定理或许离我们的生活有些遥远，但有些由计算机穷举计算得出的结论确实应用到了我们的生活中。

《俄罗斯方块（Tetris）》这款游戏从诞生到风靡全球，丰富了无数人的闲暇时光，在这款游戏中，玩家需要控制7种"碎片"从空中下落，如果铺满一行，这一行就会被消掉，玩家得分，游戏会一直进行下去直到碎片搭到顶峰，如图2.44所示。

图2.44　俄罗斯方块游戏

在游戏诞生之初，下一个碎片是什么形状完全是随机生成的，玩家可以一直玩下去吗？不能，如果碎片的形状完全是随机生成的，那么只要玩家玩的时间足够长，任何一种千奇百怪的碎片序列都有可能出现，例如，一段只包含Z形碎片的序列，可以直接令玩家陷入困境。也就是说，游戏迟早会迎来Game Over，如图2.45所示。

图2.45　理论上俄罗斯方块并不能一直玩下去

一个迟早都会输掉的游戏有什么意思呢？为了使玩家能够一直玩下去，人们构造了一个规则——7 Bag，游戏中会以7个碎片为一"包"随机生成形状，每包的7个碎片恰好是7种不同碎片的某一排列，只要玩家足够聪明，那么总有方法让游戏一直进行下去。这个结论恰好可以使用计算机来证明，穷举每一种排列，以及每一种游戏策略，总能找到让游戏一直进行下去的玩法。目前，人们已经发现5包碎片总有办法全部消掉，如图2.46所示。

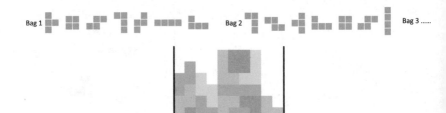

图2.46　"7 Bag"规则生成的俄罗斯方块碎片顺序

永远也不要小看简单的穷举算法，虽然原理极其简单，但也可以解决复杂的问题。人类依靠计算机强大的算力，在数学上推导大道至简的结论，在游戏中寻找永恒不败的策略，在文明的演化历程中快步前行。

第3章

万变中的不变
——随机

在生活中，总会遇到一些随机事件，例如，出门时是晴天还是下雨，走到十字路口时遇到的是红灯还是绿灯……这些随机事件充斥着我们每一个人的生活，构成了不确定的未来。在数学上，数学家们创立了概率论与统计学，试图在千变万化的随机事件中找到规律，用概率和期望描绘万变中的不变。

本章将介绍一些随机算法，在这些算法中，有些算法的方法是随机的，有些算法的时间复杂度是随机的，甚至有些算法的准确性也是随机的。

3.1 随机的方法

首先来介绍一类简单的随机算法——蒙特卡洛模拟算法（Monte Carlo Simulation Algorithm），这类算法利用了计算机可以快速进行大量计算的特点，通过重复的随机试验来估计概率或者期望。

3.1.1 巧算圆周率——蒲丰投针实验

说到圆周率π的计算历史，可以追溯到几千年前，古埃及人与古巴比伦人都曾对圆周率进行过测算；公元480年左右，我国古代数学家祖冲之将圆周率精确到小数点后7位；此后，人们不断计算出更加准确的圆周率。

在这段历史中，法国数学家蒲丰（Buffon）曾使用"投针实验"近似地估计圆周率，如图3.1所示。

图3.1　蒲丰的投针实验

（1）取一张白纸，在上面画上许多条间距为 a 的平行线。

（2）取一根长度为 $l(l \leqslant a)$ 的针，随机地向画有平行直线的纸上掷 n 次，观察针与直线相交的次数，记为 m。

（3）计算π的近似值 $\pi \approx \dfrac{2ln}{am}$。

数学家蒲丰对这个方法的准确性进行了证明。

证明：设针的中点到最近的平行线的距离为X，针与平行线的夹角为θ，那么 $X \sim U\left(0, \dfrac{a}{2}\right)$，$\theta \sim U\left(0, \dfrac{\pi}{2}\right)$，针与平行线相交的概率为

$$P\left(X < \frac{1}{2}l\sin\theta\right) = \int_0^{\frac{\pi}{2}}\int_0^{\frac{1}{2}l\sin\theta} \frac{4}{\pi a}\,\mathrm{d}x\mathrm{d}\theta = \frac{2l}{\pi a} \quad ,$$

同时

$$P\left(X < \frac{1}{2}l\sin\theta\right) \approx \frac{m}{n} \quad ,$$

因此

$$\pi \approx \frac{2ln}{am}$$

蒲丰的投针实验或许有点复杂，一串数学公式看起来令人头皮发麻（这不重要），在那个没有计算机的年代，这种计算圆周率的方法是很新颖的，但成本也非常高，因为这样的实验难以大规模进行，计算出来的圆周率也不够准确。而如今，已经有了每秒能够进行上亿次计算的计算机，完全可以将这样的实验放到计算机上进行模拟。

把投针实验简化一下，改成"投点实验"，如图3.2所示。

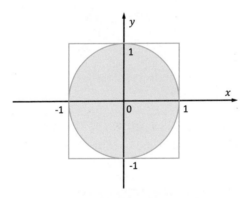

图3.2　投点实验

（1）如图3.2所示，建立一个平面直角坐标系。

（2）以原点为中心，画一个半径为1的圆，以及它的一个边长为2的外接正方形。

（3）在每次实验中，在正方形中随机取一个点，并判断该点是否在圆内，由于正方形的面积为4，圆的面积为π，所以点落在圆内的概率为$\dfrac{\pi}{4}$。

（4）经过n次实验后，有m次点在圆内，点在圆内的频率约等于概率，即

$\dfrac{m}{n} \approx \dfrac{\pi}{4}$，进而得到 $\pi \approx \dfrac{4m}{n}$。

从中学时学习的解析几何可知，该圆的方程是 $x^2+y^2=1$，所以通过判断条件 $x^2+y^2<1$ 即可判断点 (x,y) 是否在圆内。恰好落在圆的边界上的点算不算落在圆内，可以不考虑，圆的边界是一条线，而一条线的面积是 0，所以点恰好落在圆的边界上的概率也是 0。

与投针实验相比，投点实验很简单，代码也很短。

```
#include <bits/stdc++.h>
using namespace std;

int main() {
    //C++的随机数生成器
    default_random_engine generator;
    uniform_real_distribution<double> distribution(-1, 1);
    //实验次数与点在圆内的次数
    int n = 1000000, m = 0;
    //进行n次随机试验
    for (int i = 0; i < n; i++) {
        double x = distribution(generator), y = distribution(generator);
        if (x * x + y * y < 1)m++;
    }
    //根据实验结果输出圆周率的近似值
    cout << fixed << setprecision(10) << (double)m * 4 / n << endl;
    return 0;
}
```

图 3.3 所示表格中展示了不同实验次数下得到的结果，作为参考，圆周率精确到小数点后 10 位的值为 3.1415926536。从图 3.3 中可以看到，实验次数 n 越大，得到的 π 越精确。

n	π（算法得到的近似值）
10	3.6000000000
1000	3.1680000000
100000	3.1456800000
10000000	3.1421348000
1000000000	3.1415918680

图 3.3 不同实验次数下计算得到的圆周率近似值

蒲丰的投针实验作为用随机方法做近似计算的雏形，启发了后来的随机算法，人们把这类通过重复随机实验来进行计算的算法称为蒙特卡洛模拟算法。

3.1.2　迷宫的十字路口

蒙特卡洛模拟算法不仅可以用来估计概率，也可以用来估计数学期望。下面分析蒙特卡洛模拟算法。

暑假到了，小算要回家休假，这天上午，小算打算从学校出发到火车站，但是小算对路线并不熟悉。在一个十字路口前，小算面前有三条路。

（1）如果走第1条路，小算将在 a min 后回到原地。

（2）如果走第2条路，小算将在 b min 后回到原地。

（3）如果走第3条路，小算将在 c min 后到达火车站，如图3.4所示。

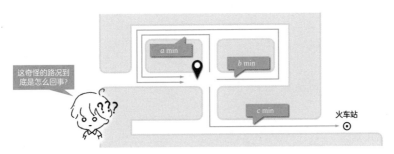

图3.4　十字路口示意图

小算只能随机选择一条路走，另外，小算是个路痴，即使回到原地也会忘记之前走的是哪条路，所以小算总是会随机选择一条路走。那么问题就来了，小算到达火车站所需时间的期望值是多少呢？

输入格式：

三个整数 a,b,c 含义与题目中相符。

输出格式：

一个数值，表示小算到达火车站所需时间的期望，单位是 min，保留小数点后3位。

数据范围

$1 \leqslant a,b,c \leqslant 10^8$。

样例输入：

1 2 3

样例输出：

6.000

这是一个典型的数学问题，看似难以计算，但是模拟该过程却不难，我们可以利用随机数进行 *n* 次随机试验，记录每次实验小算到达火车站所花的时间，这 *n* 次实验结果的平均值就是期望值的近似值。

```cpp
#include <bits/stdc++.h>
using namespace std;

//C++的随机数生成器
default_random_engine generator;
uniform_int_distribution<int> distribution(1, 3);

//利用随机数模拟小算到达火车站的过程，记录所需的时间
int MonteCarloSimulation(int a, int b, int c) {
    int ans = 0;
    while (true) {
        int r = distribution(generator);
        if (r == 1) {           //走第1条路
            ans += a;
        } else if (r == 2) {    //走第2条路
            ans += b;
        } else {                //走第3条路
            ans += c;
            break;
        }
    }
    return ans;
}
int main() {
    //输入
    int a, b, c;
    cin >> a >> b >> c;
    //进行n次随机实验，计算所需时间的平均值
    int n = 100000;
    double sum = 0;
    for (int i = 0; i < n; i++) {
        sum += (double)MonteCarloSimulation(a, b, c) / n;
    }
    //输出
```

```
    cout << sum << endl;
    return 0;
}
```

进行了100000次随机实验以后，得到了结果6.00421，这仍然存在一定的误差，达不到精度要求，所以不能完全依赖蒙特卡洛模拟算法，但可以用蒙特卡洛模拟算法寻找规律。可以尝试输入其他数据，并查看计算结果，寻找到蕴含在其中的规律，如图3.5所示。

a	b	c	计算结果
4	2	1	6.99806
3	1	2	5.99698
1	1	1	3.00108
2	2	1	5.00216
2	1	1	3.99903

图3.5 使用蒙特卡洛模拟算法计算得到的答案

怎么样，发现规律了吗? 规律就是计算结果恰好就是$a+b+c$。

这个问题的答案就是这么简单，代码也一样简单。

```cpp
#include <bits/stdc++.h>
using namespace std;
int main() {
    int a, b, c;
    cin >> a >> b >> c;
    cout << a + b + c << ".000" << endl;
    return 0;
}
```

为什么答案是$a+b+c$呢? 只需要一点概率论知识就可以证明。

证明：将小算到达火车站需要的时间记为X，如果中途回到原地，那么此时到达火车站还需要的时间仍然是X。

根据期望的线性性质有

$$E(X) = \frac{1}{3}(a + E(X)) + \frac{1}{3}(b + E(X)) + \frac{1}{3}c$$

解得

$$E(X) = a + b + c$$

从这个问题中可以看到，蒙特卡洛模拟算法还存在着很多的缺点，算法依赖大量重复的随机实验，效率低且误差大，但它可以摆脱理论的束缚，不需要太多理论推导，就可以直接得到近似的结果，尽管得到的结果存在较大的误差，但它有助于找到规律，猜到正确的答案。在科学研究中，有不少结论是先从实验现象中观察得到，后用理论研究证明的，这种方法非常实用。

在算法竞赛中，有不少类似的数学问题，当暂时找不到合适的解法时，用蒙特卡洛模拟算法可以帮助发现规律，进而找到正确的解法。

3.1.3 大数据与小数据

当重复实验的次数足够多时，积累下的大量数据会反映出一些不变量，频率趋近于概率，均值趋近于期望。蒙特卡洛模拟算法是利用大数据的算法，反过来，有时数据量过大，处理起来需要太多时间，就需要采样取出一小部分数据，对这一小部分数据进行分析。下面这个例子中，就巧妙地利用了采样。

小算在和朋友玩一个小游戏，桌上散落着一堆扑克牌，扑克牌上的A、2、3、…、Q、K分别对应着1、2、3、…、12、13这13个数字，小算要和朋友比一比谁能更快地找到四张牌，这四张牌的数字之和为4的倍数，请你来帮小算设计一个快速的算法找到满足条件的四张牌，如图3.6所示。

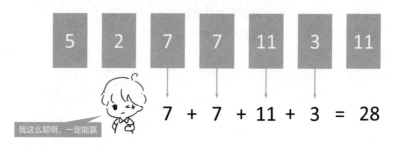

图3.6　扑克牌游戏

输入内容：

第1行是一个整数 n，表示扑克牌的数量；第2行是 n 个整数 $p_0, p_1, \cdots, p_{n-1}$，表示扑克牌上的数字。

输出内容：

在输入的 $p_0, p_1, \cdots, p_{n-1}$ 这 n 个数据中挑选4个和为4的倍数的数据输出，4个数据之间以空格隔开，如果答案不唯一，输出任意符合条件的答案即可。

数据范围：

$4 \leqslant n \leqslant 10^6$；

$1 \leqslant p_0, p_1, \cdots, p_{n-1} \leqslant 13$。

输入的数据保证能够找到满足条件的4个数。

样例输入：

7

5 2 7 7 11 3 11

样例输出：

7 7 11 3

如果数据量比较小，比如 $n \leqslant 100$，那么这个题目就简单了，用四层for循环"暴力"地枚举每一张牌即可，时间复杂度为 $O(n^4)$。现在面临的是要处理大量数据的问题，这么高的时间复杂度显然不可。现在仔细地分析一下，这样的四张扑克牌似乎随处可见，在穷举算法的四层for循环中，一旦找到答案，就使用break语句结束程序，这样或许可以节省不少时间，但在最坏的情况下，时间复杂度依然很高。

换一种思路，俗语说"林子大了什么鸟都有"，如果要找某一种鸟，在大林子里可能很难找，找一小片足够大的林子，在这片小林子里地毯式搜索，就不难找到这种鸟，如图3.7所示。

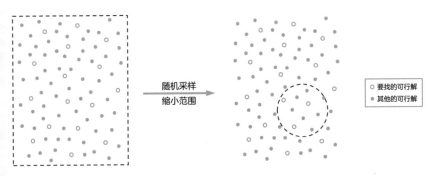

图3.7 随机采样

所有扑克牌上的数字按照除以4的余数可以分为四类——0、1、2、3，任何一类数字只要达到4个，就是一组可行的答案，如果扑克牌的数量足够多，那么一定有一类数字能达到4个，如图3.8所示。

怎样才算足够多呢？如果 $n=12$，最坏的情况下，每一类都恰好有3个数值，这样恰好每一组都不足4个，但如果再多一点，$n=13$，多出来的一个数值一定能让某一类数达到至少4个。也就是说，在任何13张扑克牌都能找到满足条件的4张牌。

万变中的不变——随机

图3.8　13张扑克牌总能让某一分类达到至少4张牌

这样的推导利用了抽屉原理（Pigeonhole Principle），把$n+1$个苹果放进n个抽屉中，一定有一个抽屉里放了至少2个苹果；把13张扑克牌分配到4类中，一定有一类至少包含4张扑克牌。

在代码的实现上，如果数据量较小（$n<13$），那么使用穷举算法即可；如果数据量较大（$n \geqslant 13$），那么先随意地挑选13张牌，然后找出这13张牌中最多的那一类牌，在这一类牌中取4张即可。至于这13张牌如何"随意"地挑选，一个最简单的方式是直接取前13张牌，当然其他方式也可行。

```cpp
#include <bits/stdc++.h>
using namespace std;

// 题目中的变量
int n, p[1000005];
// 穷举算法
void bruteforce() {
    for (int i = 0; i < n; i++) {
        for (int j = i + 1; j < n; j++) {
            for (int k = j + 1; k < n; k++) {
                for (int l = k + 1; l < n; l++) {
                    if ((p[i] + p[j] + p[k] + p[l]) % 4 == 0) {
                        cout << p[i] << " ";
                        cout << p[j] << " ";
                        cout << p[k] << " ";
                        cout << p[l] << endl;
                        return;
                    }
                }
            }
        }
    }
}
```

```
}
//采样前13个
void sample13() {
    vector<int> num[4];
    for (int i = 0; i < 13; i++) {
        int category = p[i] % 4;
        num[category].push_back(p[i]);
        //当某一类数据达到4个时，把这四个数据输出
        if (num[category].size() == 4) {
            for (int j = 0; j < 4; j++) {
                cout << num[category][j] << " ";
            }
            cout << endl;
            return;
        }
    }
}

int main() {
    //输入
    cin >> n;
    for (int i = 0; i < n; i++) {
        cin >> p[i];
    }
    if (n < 13) {
        bruteforce();//对于小数据，用穷举算法"暴力"解决
    } else {
        sample13();  //对于大数据，采样前13个
    }
    return 0;
}
```

3.2　随机的时间复杂度

　　随机数在算法中不仅可以用来进行简单粗暴的模拟，而且可以用来构造更精致的算法。下面的这几个例子中，巧妙地利用了随机数构造算法，这些算法的运行时间是随机的。

万变中的不变——随机

3.2.1 多米诺骨牌上的等差数列

放假在家的小算玩起了多米诺骨牌，小算想要把多米诺骨牌按照等差数列排列起来。例如，第1块多米诺骨牌的高度为10，第2块多米诺骨牌的高度为12，第3块多米诺骨牌的高度为14，之后每一块多米诺骨牌都比前一块高2，如图3.9所示。至于为什么要这么做，只有身为强迫症患者的小算自己知道。

图3.9 按照等差数列排列的多米诺骨牌

花了一下午，小算终于把它们排好了，但是小算的朋友悄悄地把其中几块换掉了，被换掉的多米诺骨牌不多，至多有三块，如图3.10所示。现在请你来帮小算找到被换掉的多米诺骨牌，并把它们还原回去。

图3.10 至多三块多米诺骨牌被换掉了

输入格式：

第1行为一个整数 n，表示多米诺骨牌的数量；第2行为 n 个整数 $a_0, a_1, \cdots, a_{n-1}$，表示每一块多米诺骨牌的高度。

输出 n 个整数，表示还原后的多米诺骨牌高度，其中至多有 3 个与还原前不同。如果答案不唯一，可输出任意答案。

数据范围：

$5 \leqslant n \leqslant 10^5$；

$1 \leqslant a_0, a_1, \cdots, a_{n-1} \leqslant 10^9$。

样例输入：

10

20 12 14 16 18 20 15 24 26 28

样例输出：

10 12 14 16 18 20 22 24 26 28

这个问题看起来十分简单，只需要把被换掉的至多三个多米诺骨牌找出来即可，但仔细思考一下就会发现困难重重，如果要枚举被换掉的多米诺骨牌，三块多米诺骨牌有 $n(n-1)(n-2)$ 种情况，太多了。更何况，要想判断这几个多米诺骨牌是不是被换掉的那些，只能通过判断其他多米诺骨牌能否形成等差数列来实现，这个过程的时间复杂度是 $O(n)$ 的，我们不能接受这么大的时间复杂度。

换个角度来考虑这个问题，反过来，尝试找到那些没有被换掉的多米诺骨牌。对于一个等差数列，只需要知道其中的两个数值，就可以还原出整个数列。

例如，在下面这个例子中，假设有一个长度为 10 的等差数列，若现在只知道第 2 项（从 0 开始）是 14，第 5 项是 20，那么这个等差数列的公差就是 $\frac{20-14}{5-2} = 2$，首项 $a_0 = 14 - 2 \times 2 = 10$，所以每一项 $a_i = 10 + 2i$，这样可把整个等差数列还原了，如图 3.11 所示。

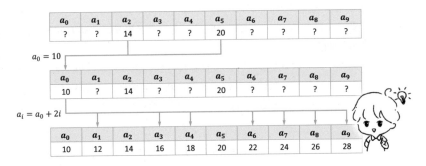

图 3.11　靠两个数值还原整个等差数列

回到这个问题，如果能够找到两个没有被换掉的多米诺骨牌，那么就可以还原出一个等差数列，将这个等差数列与 $a_0, a_1, \cdots, a_{n-1}$ 相比较，对应位置不相等的，就是被换掉的多米诺骨牌。那么如何找到两个没有被换掉的关键多米诺骨牌呢？可以使用一个大胆的方法——随机抽取。这听起来有点难以置信，那么就先分析这个方案的可行性。

考虑最坏的情况，只有5块多米诺骨牌，其中3个被换掉了，从中随机取两个，恰好抽到两个没有被换掉的多米诺骨牌的概率是 $\dfrac{2}{5} \times \dfrac{1}{4} = \dfrac{1}{10}$。这个概率确实有点低，但可以多次尝试，随机抽取 m 次后，仍然抽不到关键的两块多米诺骨牌的概率是 $\left(1-\dfrac{1}{10}\right)^m$，注意这是指数函数，会以很快的速度收敛到0。当 m 达到50时，仍然抽不到的概率已经降到了1%以下，也就是说，有超过99%的把握在50次随机抽取中解决问题，如图3.12所示。

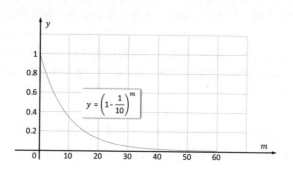

图3.12　抽不到关键多米诺骨牌的概率随着次数增加收敛到0

但这还不够，还要计算时间复杂度，传统的时间复杂度已经不足以分析这个问题了，需要一个新的概念——期望时间复杂度，顾名思义，期望时间复杂度就是时间复杂度的期望。

在这个问题中，如果我们抽中了，经过 n 次计算的检验后，就可以解决问题；如果没有抽中，也要经过 n 次计算检验，之后重新尝试抽取，如图3.13所示。

这与前面的"迷宫的十字路口"问题非常相似，把解决问题需要的计算次数记为 X，那么

$$E(X) = \dfrac{9}{10}[E(X)+n] + \dfrac{1}{10}n$$

进而得到 $E(X)=10n$。也就是说，期望时间复杂度是 $O(n)$，这样的时间复杂度是完全可行的。

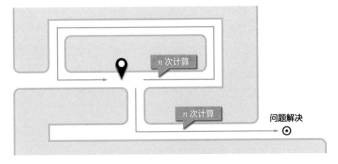

图 3.13　十字路口问题与本题的计算量

最后的实现代码如下，一些细节会在代码注释中给出。

```cpp
#include <bits/stdc++.h>
using namespace std;

int n, a[100005];
//检验首项为a0，公差为d的等差数列与a数列不一致的个数是否至多为3
bool check(int a0, int d) {
    int num = 0;
    for (int i = 0; i < n; i++) {
        if (a[i] != a0 + i * d)num++;
    }
    return num <= 3;
}

int main() {
    //输入
    cin >> n;
    for (int i = 0; i < n; i++) {
        cin >> a[i];
    }
    //C++的随机数生成器
    default_random_engine generator;
    uniform_int_distribution<int> distribution(0, n - 1);
    //重复随机抽取
    while (true) {
        //随机抽取两个多米诺骨牌
        int x = distribution(generator), y = distribution(generator);
        //如果不小心抽到了同一个，跳过这步循环，重新抽取
        if (x == y)continue;
```

3

万变中的不变——随机

```
        //如果公差不是整数,跳过这步循环,重新抽取
        if ((a[y] - a[x]) % (y - x) != 0)continue;
        //计算公差d和首项a0
        int d = (a[y] - a[x]) / (y - x), a0 = a[x] - x * d;
        //检验每一项是否都是正数,骨牌的高度不可能是0或负数
        if (a0 <= 0 or a0 + (n - 1) * d <= 0)continue;
        //检验是否抽到了两个没有被换掉的多米诺骨牌,如果是,输出结果并停止
运行程序
        if (check(a0, d)) {
            for (int i = 0; i < n; i++) {
                cout << a0 + i*d << " \n"[i == n - 1];
            }
            break;
        }
    }
    return 0;
}
```

3.2.2　小算的生活费

每个月,小算的妈妈都要给上大学的小算生活费,妈妈希望小算能够养成理性消费的好习惯,所以会严格控制每个月的生活费,至于生活费该给多少,妈妈有一套自己的确定方法。

已知小算在过去的 n 个月中,每个月的实际花销是 $a_0, a_1, \cdots, a_{n-1}$,小算的妈妈把这 n 个月的花销按照从小到大的顺序排列起来,取第 x 个数值(从0开始)作为下个月的生活费。

输入格式:

第1行是两个整数 n, x,第2行是 n 个整数 $a_0, a_1, \cdots, a_{n-1}$,含义与前文的描述一致。

输出格式:

输出排序后的第 x 个(从0开始)数值。

数据范围:

$1 \leqslant n \leqslant 10^5$;

$0 \leqslant x < n$;

$0 \leqslant a_0, a_1, \cdots, a_{n-1} \leqslant 10^9$。

3

样例输入：

10 8
900 1000 800 1200 900 1300 1400 800 1000 1300

样例输出：

1300

这个问题非常简单，正如题目描述中提到的一样，排序后取第 x 个数值即可。下面仔细思考一下，只是求其中的第 x 个数值，有必要把整个数组都排序吗？答案是肯定的。还记得第1章里面的快速排序吗？现在来回顾快速排序的过程，首先随机选择一个支点变量，然后把所有比支点变量小的放在左边，所有比支点变量大或者相等的放在右边，如图3.14所示。

图3.14　快速排序中的支点变量

注意，这时候已经能够知道有多少数值比支点变量小了，如果比支点变量小的数值超过了 x 个，那么答案一定在左边；如果比支点变量小的数值不足 x 个或者恰好有 x 个，那么答案一定在右边。重复这个过程，就可以缩小答案所在的范围，最终找到答案。

当然，这个过程和快速排序是类似的，都可以借助递归来实现，那么递归的边界呢？可以想到一种特殊情况，如果一段数组中所有的数值都相等，那么无论支点变量怎么抽取都不能再缩小答案所在的范围，这时如果不及时停止递归，就会导致无限递归。所以，递归的边界条件就是这段数组中所有数字都相等。

以样例为例，小算妈妈打算将从小到大排序后第8个月的生活费作为小算下个月的生活费，所以这里的目标是把排序后的第8个数取出。

假设第1次随机选择的支点变量是1000，那么这段数组被切割成两段，小于1000的4个数放在左边，大于或等于1000的6个数放在右边。这10个数里面的第8个，实际就是右边6个数中的第4个，接下来要递归地在右边部分进行求解，如图3.15所示。

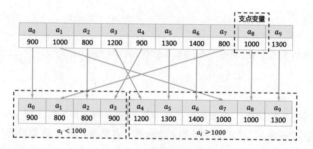

图 3.15　第 1 轮计算

假设第 2 次随机选择的支点变量是 1400，那么只有一个数值是大于或等于 1400 的，放在右边，这时需要继续在左边的 5 个数值中找第 4 个，如图 3.16 所示。

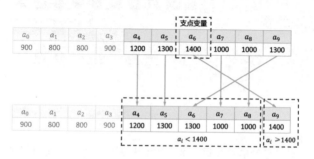

图 3.16　第 2 轮计算

假设第 3 次随机选择的支点变量是 1300，三个数值放在左边，两个数值放在右边，继续在右边找第 1 个数值。注意此时右边两个数值都是相等的，所以到达了递归的边界，得到最终的答案 1300，如图 3.17 所示。

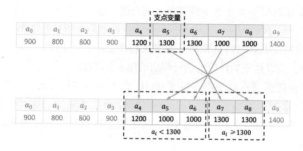

图 3.17　第 3 轮计算

按照该思路，不难完成以下代码。

```cpp
#include <bits/stdc++.h>
using namespace std;

default_random_engine generator;
uniform_int_distribution<int> distribution(0, 1000000);

int n, x, a[100005];
//求数组中[l,r)范围内的第x个(从0开始)数值
int nth_number(int l, int r, int x) {
    //检验这段数组中所有的数值是否都相等
    bool same = true;
    for (int k = l; k < r; k++) {
        if (a[k] != a[l])same = false;
    }
    //如果这段数组中所有的数值都相等，直接返回答案
    if (same)return a[l];
    //随机选取一个支点变量
    int pivot = a[l + distribution(generator) % (r - 1)];
    //用类似快速排序的过程，把小于支点变量的值放在左边，大于或等于支点变量的值
放在右边
    int i = l, j = r - 1;
    while (true) {
        while (a[i] < pivot)i++;
        while (a[j] >= pivot)j--;
        if (i < j)swap(a[i], a[j]);
        else break;
    }
    //如果小于支点变量的数值不足或恰好为x，继续在右边寻找答案
    if (i - 1 <= x)return nth_number(i, r, x - (i - 1));
    //如果小于支点变量的数值超过x个，继续在左边寻找答案
    else return nth_number(l, i, x);
}

int main() {
    //输入
    cin >> n >> x;
    for (int i = 0; i < n; i++) {
        cin >> a[i];
    }
    //求解并输出
    cout << nth_number(0, n, x) << endl;
    return 0;
}
```

最后，分析时间复杂度，纵观整个计算过程，每次操作之后，这段数组被切割成两段，答案有一半的概率落在长的一段，有一半的概率落在短的一段，平均下来，每次操作将答案所在的范围缩短到原来的一半，如图3.18所示。

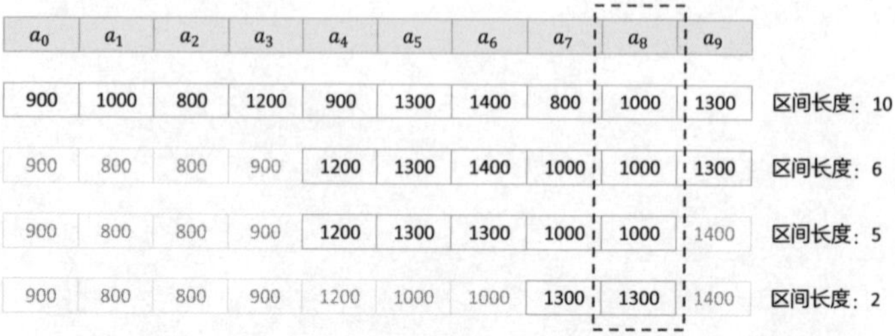

a_0	a_1	a_2	a_3	a_4	a_5	a_6	a_7	a_8	a_9	
900	1000	800	1200	900	1300	1400	800	1000	1300	区间长度：10
900	800	800	900	1200	1300	1400	1000	1000	1300	区间长度：6
900	800	800	900	1200	1300	1300	1000	1000	1400	区间长度：5
900	800	800	900	1200	1000	1000	1300	1300	1400	区间长度：2

图3.18　平均下来每一轮计算将范围缩短到原来的一半

所以，第1次处理平均长度为n的数组，第2次处理平均长度为$n/2$的数组，第三次处理平均长度为$n/4$的数组……把这些计算量加起来，有

$$O(n+n/2+n/4+\cdots+1)=O(2n)=O(n)$$

所以算法的期望时间复杂度是$O(n)$。但是，这样计算时间复杂度存在问题，上述推导过程在输入数据$a_0,a_1,\cdots,a_{n-1}$完全随机分布的前提下是成立的，但也存在极端情况，如以下样例。

10 3
1 1 1 1 1 2 1 1 1 1

如果支点变量选择的是1，那么无法缩小范围；如果支点变量选择的是2，那么缩小范围后立即得到答案，然而这种情况发生的概率仅仅是$1/n$。所以，这个极端的例子会让算法的期望时间复杂度退化到$O(n^2)$。虽然这种极端情况很少见，但一旦出现，就会导致算法的时间复杂度瞬间"爆炸"，所以，要专门处理这种情况。

处理方式并不复杂，可在右侧所有大于或等于支点变量的部分中，再进行一次类似的操作，分割成等于支点变量的部分和大于支点变量的部分。整个数组被分割成图3.19中的三部分，然后根据第x个数值所在的位置确定接下来在哪个区间中继续寻找。

深入浅出算法竞赛（图解版）

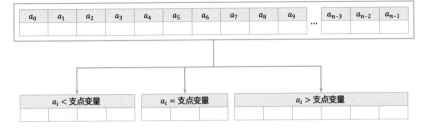

图3.19 将区间分成三段

对应的代码也要做出修改。

```cpp
#include <bits/stdc++.h>
using namespace std;

default_random_engine generator;
uniform_int_distribution<int> distribution(0, 1000000);

int n, x, a[100005];
//求数组中[l,r)范围内的第x个(从0开始)数值
int nth_number(int l, int r, int x) {
    //检验这段数组中所有的数值是否都相等
    bool same = true;
    for (int k = l; k < r; k++) {
        if (a[k] != a[l])same = false;
    }
    //如果这段数组中所有的数值都相等，直接返回答案
    if (same)return a[l];
    //随机选取一个支点变量
    int pivot = a[l + distribution(generator) % (r - l)];
    //用类似快速排序的过程，把小于支点变量的数值放在左边，大于或等于支点变量
的数值放在右边
    int i = l, j = r - 1, k = r - 1;
    while (true) {
        while (a[i] < pivot)i++;
        while (a[j] >= pivot)j--;
        if (i < j)swap(a[i], a[j]);
        else break;
    }
    //在右侧部分中，把等于支点变量的数值放在左边，大于支点变量的数值放在右边
    j = i;
```

```
        while (true) {
            while (a[j] == pivot)j++;
            while (a[k] > pivot)k--;
            if (j < k)swap(a[j], a[k]);
            else break;
        }
        //根据各部分的数量缩小范围
        if (i - 1 > x)return nth_number(l, i, x);
        else if (j - 1 > x)return nth_number(i, j, x - (i - 1));
        else return nth_number(j, r, x - (j - 1));
}

int main() {
    //输入
    cin >> n >> x;
    for (int i = 0; i < n; i++) {
        cin >> a[i];
    }
    //求解并输出
    cout << nth_number(0, n, x) << endl;
    return 0;
}
```

　　修改后的代码能够使程序的运行时间更稳定，在极端情况下时间复杂度不会退化到 $O(n^2)$，但需要注意的是，由于在处理每个区间时多了一次操作，在处理随机数据时会更慢。要更快还是更稳定，取决于算法应用的场景，在大多数情况下，稳定性是更重要的。

3.3　随机的准确性

　　在算法中引入随机性，也就引入了不确定性，实际是有一定的风险的，在接下来介绍的算法中，有时甚至可能得不到正确的结果，但在一些应用场景中，不得不选择这样的算法。

3.3.1 从字符串到数字——哈希算法

英语课上，小算完成了他的作业——一篇英语作文，小算的朋友却偷偷抄袭了小算的作业，并且修改了部分内容，小算很生气，要找到抄袭的证据。已知小算的作文是包含 n 个字符的字符串，小算需要找到抄袭的部分，也就是一段连续的子串，这段子串也存在于被修改后的作文中，当然，为了证明这一段是抄袭的，这一段子串的长度至少要达到 $n/2$。

输入格式：

输入包含两行，第1行是小算的作文，第2行是被抄袭并修改后的作文，两篇作文的长度分别为 n，m。

输出格式：

如果能够找到一段长度为 $n/2$ 的公共子串，那么输出 YES，否则输出 NO。

数据范围：

$1 < n, m \leqslant 10^5$，且 n 是偶数。

两篇作文中只会出现大小写英文字母、" "（空格）、","（英文逗号）、"."（英文句号）。

样例输入：

My name is Xiao Suan.I am learning algorithms.
My name is Garlic.I am learning algorithms.

样例输出：

YES

解决这个问题的思路其实很简单，两篇作文就是两个字符串，把两个字符串所有长度为 $n/2$ 的子串取出构成两个集合，判断这两个集合的交集是否为空集即可，如图 3.20 所示。

图 3.20　直接比较子串构成的集合

但是在代码的实现上，如果直接使用C++语言中的set<string>来存储这些子串，$n/2$个长度为$n/2$的字符串总共包含$n^2/4$个字符，占用了太多的内存空间，直接存储字符串显然是不行的。

下面试着把字符串转化为数字，每个字符都有对应的ASCII码，单个字符可以直接转化为数字。把一个字符串看作一个B进制的数值，就可以把字符串转化为数字了，如图3.21所示。

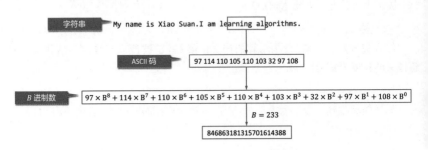

图3.21　将字符串转化为B进制数值

以$B=233$为例，把一个长长的字符串转化成一个个数字后，与直接存储字符串相比，存储数字并没有节省内存空间。可以尝试把这个数字缩小范围，比如直接取它除以M的余数。由于这个数字具有一定的随机性，那么它除以M的余数也是随机的；如果这个数字是服从均匀分布的，那么它除以M的余数也是服从均匀分布的，如图3.22所示。

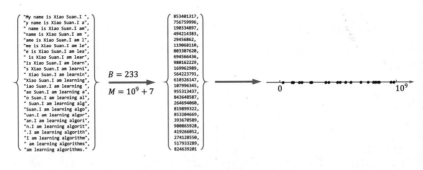

图3.22　将字符串转化为哈希值

这样一来，就把每一个长度为$n/2$的子串"随机"地变成了一个在$[0,M-1]$范围内的数字，这就是哈希算法（Hash Algorithm），由字符串转化而来的数字被称为哈希值，只要M足够大，不同字符串的哈希值就是不同的。用哈希值替代字符串，使用C++语言中的set<long long>就可以判断两个集合的交集是否为空集。

还有一个小问题，如何计算这些子串的哈希值呢？注意子串在移动时，每移动一个字符的距离，左侧就减少一个字符，右侧则增加一个字符，将剩余部分乘以B，计算哈希值的改变量即可，不必重新计算整个字符串的哈希值，这样就可以把时间复杂度维持在$O(n)$，如图3.23所示。

$$97 \times B^4 + 109 \times B^3 + 101 \times B^2 + 32 \times B^1 + 105 \times B^0$$

$$109 \times B^4 + 101 \times B^3 + 32 \times B^2 + 105 \times B^1 + 115 \times B^0$$

图3.23　滑动式计算子串的哈希值

具体实现代码如下。

```cpp
#include <bits/stdc++.h>
using namespace std;

//B和M
const long long B = 233, M = 1000000007;
//两个字符串
string s1, s2;
//用来存储哈希值的容器
set<long long> hash_values_1, hash_values_2;

//计算字符串所有长度为half_n的子串的哈希值
void hash_to_set(string &s, int half_n, set<long long> &hash_values) {
    //计算B的n/2次方（保留除以M的余数）
    long long pow_B = 1;
    for (int i = 0; i < half_n - 1; i++) {
        pow_B = (pow_B * B) % M;
    }
    long long hash_value = 0;
    for (int i = 0; i < (int)s.size(); i++) {
        // 减掉左侧的字符
        if (i >= half_n) {
            hash_value = (hash_value - (long long)s[i - half_n] * pow_B)%M;
            if (hash_value < 0)hash_value += M;
```

```
        }
        //增加右侧的字符
        hash_value = (hash_value * B + (long long)s[i]) % M;
        //把哈希值存入hash_values
        if (i >= half_n - 1) {
            hash_values.insert(hash_value);
        }
    }
}
//检验两个哈希值集合是否有公共元素
bool check() {
    for (auto i : hash_values_1) {
        if (hash_values_2.count(i))return true;
    }
    return false;
}

int main() {
    //输入
    getline(cin, s1);
    getline(cin, s2);
    //计算两个字符串所有长度为n/2的子串的哈希值
    int half_n = s1.size() / 2;
    hash_to_set(s1, half_n, hash_values_1);
    hash_to_set(s2, half_n, hash_values_2);
    //检验两个哈希值集合是否有公共元素
    if (check()) {
        cout << "YES" << endl;
    } else {
        cout << "NO" << endl;
    }
    return 0;
}
```

3.3.2　哈希算法的隐患

　　哈希算法存在很大的隐患，算法不会出错的前提是"M足够大"，如果M不够大，就会出现不同字符串的哈希值相同的情况，使得结果本该是NO却误判成YES。假设第1个字符串所有子串的哈希值互不相同，那么对于第2个字符串的每一个子串，出错的概率就是$\dfrac{n}{2M}$，m个子串中至少有一个出错的概率就是

$1-\left(1-\dfrac{n}{2M}\right)^{m}$，以 $M=10^{9}+7$、$n=10^{5}$、$m=\dfrac{n}{2}$ 为例，这个概率已经达到了 0.9179。

出错的概率太高了，必须降低每次哈希出错的概率。如果一个哈希值搞不定，那就用两个哈希值，两个哈希值选用不同的 B 和 M，那么出错的概率就降低到 $1-\left(1-\left(\dfrac{n}{2M}\right)^{2}\right)^{m}$，仍然以前文中的数值为例，这个概率只有 0.0001，效果立竿见影，如图 3.24 所示。

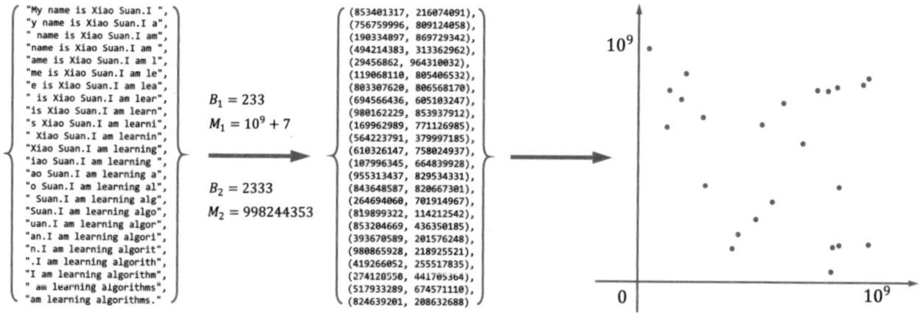

图 3.24　二维的哈希值更加稀疏

```cpp
#include <bits/stdc++.h>
using namespace std;

//B和M
const long long B1 = 233, M1 = 1000000007;
const long long B2 = 2333, M2 = 998244353;
//两个字符串
string s1, s2;
//用来存储哈希值的容器
set<pair<long long,long long>> hash_values_1, hash_values_2;

//计算字符串所有长度为half_n的子串的哈希值
void hash_to_set(string &s, int half_n, set<pair<long long,long long>>
&hash_values) {
    long long hash_value_1 = 0, hash_value_2 = 0;
    long long pow_B1 = 1, pow_B2 = 1;
    for (int i = 0; i < half_n - 1; i++) {
        pow_B1 = (pow_B1 * B1) % M1;
        pow_B2 = (pow_B2 * B2) % M2;
    }
    for (int i = 0; i < (int)s.size(); i++) {
```

```
        //减掉左侧的字符
        if (i >= half_n) {
            hash_value_1 = (hash_value_1-(long long)s[i-half_n]*pow_B1)%M1;
            if (hash_value_1 < 0)hash_value_1 += M1;
            hash_value_2 = (hash_value_2-(long long)s[i-half_n]*pow_B2)%M2;
            if (hash_value_2 < 0)hash_value_2 += M2;
        }
        //增加右侧的字符
        hash_value_1 = (hash_value_1 * B1 + (long long)s[i]) % M1;
        hash_value_2 = (hash_value_2 * B2 + (long long)s[i]) % M2;
        //把哈希值存入hash_values
        if (i >= half_n - 1) {
            hash_values.insert(make_pair(hash_value_1, hash_value_2));
        }
    }
}
//检验两个哈希值集合是否有公共元素
bool check() {
    for (auto i : hash_values_1) {
        if (hash_values_2.count(i))return true;
    }
    return false;
}

int main() {
    //输入
    getline(cin, s1);
    getline(cin, s2);
    //计算两字符串所有长度为n/2的子串的哈希值
    int half_n = s1.size() / 2;
    hash_to_set(s1, half_n, hash_values_1);
    hash_to_set(s2, half_n, hash_values_2);
    //检验两个哈希值集合是否有公共元素
    if (check()) {
        cout << "YES" << endl;
    } else {
        cout << "NO" << endl;
    }
    return 0;
}
```

　　如果仍然不满足于这 1/10000 的出错概率，追求零错误，其实也是可以实现的，在存储每一个哈希值的同时，把对应子串出现的位置也存储下来，如果遇到哈希值相同的子串，就"暴力"检验两个子串是否相同，给算法加一层保险。由于具有相同哈希值的不同字符串并不多，所以这并不会带来太大的计算负担。这部分代码留给读者自行实现。

3.4 贪心＋随机——探索最优解

在现实生活中，有不少问题都可以抽象地认为是最优化问题，也就是寻找最优解的过程，如最佳的股票投资策略、最高效的物流调度规划、最合理的资源分配方案等。

在这些问题中，通常有一个优化的目标，称为目标函数，如在股票投资策略问题中，损失函数 f 可以是一个用来计算未来投资收益的函数，输入的自变量 x 是某一投资的组合向量，输出的函数值 $f(x)$ 是这一投资组合未来的收益。x 所在的范围被称为可行域，最优化问题就是在这个可行域中找到一个最优解 x，使 $f(x)$ 最大（或最小，视具体问题而定），如图 3.25 所示。

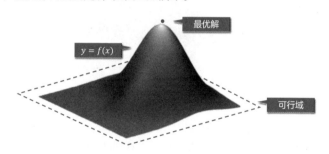

图 3.25　优化问题——找到函数的最大值

由于各种问题是复杂多样的，目标函数可能是极其复杂的，针对每一个具体的目标函数构造特定算法有些困难，所以一些通用的最优化算法被提出。在这些算法中，会认为目标函数 f 是一个"黑盒"。也就是说，我们不关心这个目标函数的原理，只知道它是一个输入 x、输出 $f(x)$ 的"机器"，如图 3.26 所示。

这其中最简单的算法就是穷举算法，把可行域中的每一个 x 都输入 f 中查看结果，取其中最大（或最小）的，当然，很多问题的可行域可能包含了很多的点，穷举的时间复杂度将瞬间"爆炸"。

虽然把目标函数当作"黑盒"，但这些"黑盒"仍有一些潜在的共性信息可供用来构造算法，关键就在于目标函数通常具有一定的连续性，举例说明，如果增大x中的某一维能够使$f(x)$减小，那么继续增大x中的这一维极有可能继续使$f(x)$减小。爬山算法就是在这样的思路下被提出的。爬山算法的本质是贪心算法，每次都移动到附近一个更优的解，逐渐逼近最优解，如图3.27所示。

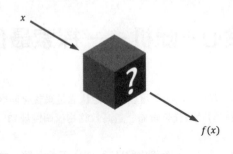

图3.26　黑盒

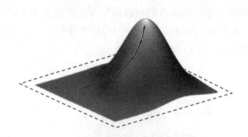

图3.27　爬山算法

爬山算法正如它的名字一样，像爬山一样走到目标函数中最高的山峰，但如果山峰有两个甚至更多，爬山算法不确定会计算到哪一座山峰上，如果计算到了一座不够高的山峰上，那么爬山算法就会被困在那里，无法到达最高的山峰，这就是爬山算法的缺陷，如图3.28所示。

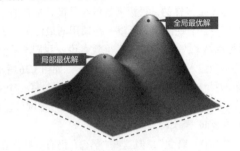

图3.28　局部最优解与全局最优解

为了帮助爬山算法能够逃离不够高的山峰，可以引入一点随机性，于是就有了模拟退火（Simulated Annealing）算法。每次先随机选择一个方向 x'，然后决定是否要向这个方向移动。如果向这个方向移动更优，也就是 $f(x')>f(x)$，那么就向这个方向移动，这与爬山算法是完全一致的；如果向这个方向移动并不会得到一个更优的解，也就是 $f(x') \leqslant f(x)$，那么就以一定的概率在移动和不动之间选择，该概率可能有点复杂，公式为

$$P = \exp\left(\frac{f(x') - f(x)}{kT}\right)$$

这是一个来源于物理学中退火过程的公式，其中 T 是温度，k 是人为预先设定的参数。在算法开始时，温度 T 比较大，移动的概率比较高，算法更容易逃离不够高的山峰，随着计算的继续进行，温度 T 逐渐降低，算法能够以较大的概率找到最高的山峰。

如果模拟退火算法仍然找不到最高的山峰，可以多试几次，每次尝试的起点不同，就可以显著提高找到最优解的概率，每次尝试都是独立的计算过程，如果把它们结合起来，让每次尝试的计算过程互相协同，就有了粒子群优化（Particle Swarm Optimization）。如果说模拟退火算法模拟了一个粒子的热运动，那么粒子群算法模拟了一群粒子的运动，如图3.29所示。

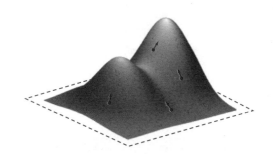

图3.29　粒子群算法

在粒子群算法中，每一个粒子都有对应的速度，速度受三个因素影响。
（1）惯性，即沿当前速度继续移动。
（2）当前粒子找到的最优解，即向当前粒子找到的最优解移动。
（3）所有粒子找到的最优解，即向所有粒子找到的最优解移动。
在每一次迭代中，以随机的权重综合考虑上面的三个因素，计算得到每个粒子新的速度，进而进行移动。随着计算的进行，最终这群粒子会聚集在最优解附近。

除此之外，还有很多复杂的最优化算法，如遗传算法（Genetic Algorithm），遗传算法模拟了生物界种群进化，参考遗传与变异的过程，每次只保留最优的几个解，引入一点随机性，模拟基因的突变，产生更优的解。日本新干线 N700 系列车"气动双翼"的独特空气动力造型车鼻就是利用遗传算法计算得到的结果。

这些算法的核心思想都是贪心＋随机，根据经验贪心地向可能是最优解的方向前进，同时用随机保证算法不拘泥于过去的经验，尝试在经验的基础上探索更优的解。类似的思路被广泛应用在很多领域，例如，在深度学习中的使用随机梯度下降法，在数据集中随机选择一批样本进行训练，帮助神经网络找到令损失函数最小的一组训练参数；在强化学习中使用的 ε-greedy 策略，以 ε 的概率随机决策，形成经验，引导人工智能程序在游戏中找到胜率更大的决策。贪心＋随机的思想，是很多最优化算法的基本方法论，如图 3.30 和图 3.31 所示。

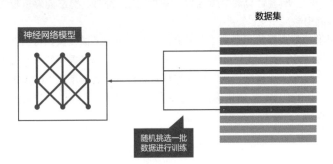

图 3.30　深度学习中的批量随机梯度下降算法

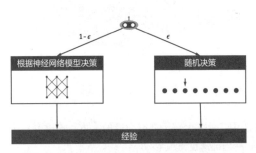

图 3.31　强化学习中的 ε-greedy 策略

第 **4** 章

AI 的思维模式
——搜索

在前面的章节中，我们介绍了穷举算法与贪心算法，这是用计算机解决实际问题的最基本方法，但是，穷举算法与贪心算法有不少缺点，穷举算法不够灵活，在某些问题中也面临着效率低下的问题，贪心算法也并不能应用到每一个问题中。如果把解决问题的过程视为在很多可行解中寻找最优解的过程，则需要一种更加灵活，更加高效，适用范围更广的方法，这就是本章要介绍的方法——搜索。

在搜索中，可以通过灵活的"剪枝"操作，缩减可行解的范围，动态地规划遍历的顺序，进而实现效率的提升。同时，搜索算法是人工智能（Artificial Intelligence，AI）技术的理论基础。

2016 年，来自谷歌的 DeepMind 团队打造了围棋 AI——AlphaGo，并以 4:1 的比分击败围棋世界冠军李世石，掀起了一阵研究人工智能的热潮。AlphaGo 的详细原理过于复杂，不在本书的讲述范围内，但将在本章展示如何利用搜索算法实现简单的游戏 AI，并简要介绍现代人工智能技术的发展现状。

4.1 深度优先搜索

深度优先搜索（Depth First Search，DFS）是最基本的搜索方法，在深度优先搜索的过程中，如果把所有的可行解看作一个空间，求解的过程就是在空间中游走的过程，当走到尽头，无路可走时，就会后退，进而寻找其他可行解。这样解释可能有些抽象，下面将利用两个例子来帮助你理解并学会运用深度优先搜索。

4.1.1 零钱搭配

烈日炎炎的夏天，小算在陪朋友逛街，当路过一家奶茶店时，想要买一杯价格为 s 元的冰奶茶，但是，出门时小算忘记带手机了，钱包里只有 n 张纸币，面值分别为 $a_0, a_1, \cdots, a_{n-1}$，小算要从这些纸币中挑选 k 张来支付，这 k 张纸币的面值之和恰好为 s 元，同时，为了避免麻烦，小算希望能够用最少的纸币来付钱，也就是让 k 最小，现在请你设计一个程序，计算出最小的 k。

输入格式：

第1行为两个整数 n, s，第2行为 n 个整数 $a_0, a_1, \cdots, a_{n-1}$。

输出格式：

输出一个整数，即最小的 k。

数据范围：

$1 \leqslant n \leqslant 20$；

$1 \leqslant a_i \leqslant 10^7$，$i=0, 1 \cdots, n-1$；

$1 \leqslant s \leqslant 10^9$。

样例输入：

4 10

9 1 6 3

样例输出：

2

在本问题中，每一张纸币有"取"和"不取"两种情况，所有的 n 张纸币有 2^n 种情况，所以可行解的数量为 2^n。接下来考虑如何将这 2^n 种可行解遍历一遍，如果 n 是个定值，那么写 n 个 for 循环，层层嵌套，就可以简单地解决这个问题了，当然，层层嵌套的 n 个 for 循环会使代码变得非常不好看，但不可否认的是，这也是一种解决问题的方法。

不过，本问题中 n 是一个变量，在输入具体数值前，并不知道要写几层 for 循环，这就需要借助函数的递归来实现。下面给出了一种代码实现方案。

```cpp
#include <bits/stdc++.h>
using namespace std;

//一个足够大的数，表示"正无穷"
int inf = 100000;
//题目中的变量
int n, s, a[25];

//搜索算法核心函数
int solve(int i, int sum, int num) {
    if (i == n) {
    //使用所有纸币
        if (sum == s)return num;
        else return inf;
    } else {
    //递归地使用剩余的其他纸币
        return min(
            solve(i + 1, sum + a[i], num + 1),
            solve(i + 1, sum, num)
        );
    }
}

int main() {
    //输入
    cin >> n >> s;
    for (int i = 0; i < n; i++) {
        cin >> a[i];
    }
    //求解并输出
    cout << solve(0, 0, 0) << endl;
    return 0;
}
```

在上述代码中，核心代码是 solve 函数，包含三个参数：i、sum、num，表示在第 i 张纸币之前，已经取了 num 张纸币，这些纸币面值的和为 sum，在此基础上考虑后续操作。

（1）如果此时i已经超过了最大的下标$n-1$，说明所有的纸币都已经使用过了，那么检验一下sum是否恰好等于s即可。

（2）如果此时i没有超过最大的下标$n-1$，那么考虑是否要抽取a_i。

1）如果抽取a_i，那么sum增加了a_i，num增加了1，调用solve($i+1$,sum+a[i],num+1)即可对后续操作进行求解。

2）如果不取a_i，那么sum与num没有变化，调用solve($i+1$,sum,num)即可对后续操作进行求解。

以样例为例，可以把整个过程绘制成树形图，如图4.1所示。最下层每一个节点都表示一个可行解，这样就可以不重复也不遗漏地遍历每一个可行解。

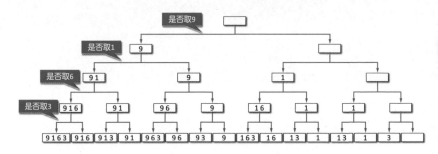

图4.1　搜索过程的树状图

下面来分析一下算法的时间复杂度，不难发现，总共2^n种情况，时间复杂度为$O(2^n)$，这其实是非常高的，接下来考虑如何提高算法的效率。在搜索算法中，一个常用的优化思路是"剪枝"，剪掉的"枝"就是树形图中的分支。

搜索的过程可以视为构造树形图的过程，在这个过程中，可发现沿当前分支继续延伸下去并不会得到想要的结果时，可以主动停止这个过程，转而在下一个分支上进行求解，这就是"剪枝"。懂得在合适的时候放弃，是一种智慧。

不难发现，题目中$a_i \geqslant 1$，如果当前已取的纸币面值之和已经超过s，那么后续的纸币无论怎么取，最终取到的所有纸币面值之和都会大于s。在代码中对solve函数稍加修改，就可以避免出现这种情况。

```
int solve(int i, int sum, int num) {
    if (i == n) {
        if (sum == s)return num;
        else return inf;
    } else {
        //在这里添加剪枝判断条件
        if (sum > s)return inf;
```

```
        else {
            return min(
                solve(i + 1, sum + a[i], num + 1),
                solve(i + 1, sum, num)
            );
        }
    }
}
```

在本样例中，修改后的算法不再会对所有的 2^n 种情况逐一遍历，对应的树形图如图4.2所示。

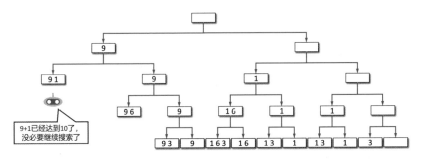

图 4.2 搜索过程中的剪枝

此时，你肯定会产生一个疑问——这样的剪枝策略究竟剪掉了多少分支？

在本样例的树形图中，可以清晰地看到，左侧的一大块分支被砍掉了。被砍掉的分支越多，意味着剩余的分支越少，程序的效率越高。但遗憾的是，被砍掉的分支有多少，取决于实际的输入数据，有时能砍掉很多，有时能砍掉的很少，在最坏的情况下（如问题本身无解），算法的时间复杂度仍然是 $O(2^n)$。

但正如在第1章提到的，时间复杂度仅仅是衡量算法效率的一个指标，并不能完全决定程序运行的时间，虽然没有降低算法的时间复杂度，但是程序的效率仍然有一定的提升，类似这样的优化在编写高效程序时也是尤为重要的。

4.1.2 "油漆桶"与连通性

了解了深度优先搜索的基本原理后，再来介绍深度优先搜索的一个应用——连通性问题。如果用过 Windows 操作系统中的"画图"程序，那么你一定记得"油漆桶"这个工具，"油漆桶"可以把鼠标单击的色块涂上相同的颜色，计算机是如何计算哪些像素点是属于这个色块的呢？

例题：给定一张像素图，每个点的颜色用一个整数表示，在画图程序中，鼠标使用"油漆桶"工具单击了其中一个像素点，求所有被涂色的像素点。

输入格式：

第1行为两个整数 n,m，表示图片的行数和列数；接下来的 n 行，每行有 m 个数字，第 i 行第 j 列的数字 c_{ij} 表示对应位置的像素点颜色；最后一行为两个整数 x,y，表示鼠标单击的位置，即第 x 行第 y 列（从0开始计数）。

输出格式：

输出 n 行，每行 m 个字符，用空格隔开，如果一个像素点被涂色，对应位置输出 "!"，否则对应位置输出 "."。

数据范围：

$1 \le n,m \le 1000$；

$0 \le c_{ij} \le 10^9$；

$0 \le x < n$；

$0 \le y < m$。

样例输入：

4 6

1 2 1 1 1 1

1 2 2 1 1 1

2 1 1 2 1 1

1 1 1 2 1 1

0 4

样例输出：

. . ! ! ! !

. . . ! ! !

. . . . ! !

. . . . ! !

将这个问题抽象化，把每一个像素点都视为图中的节点，相邻的像素点如果颜色相同，就认为这两个节点之间有一条边相连，所有的点和所有的边构成一张图，如果两个节点之间可以通过若干条边连接，那么这两个节点就是连通的。鼠标单击的位置就是一个节点，那么问题就转化为求出哪些点与鼠标单击的节点是连通的，如图4.3所示。

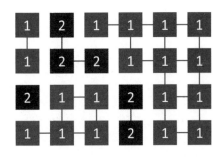

图4.3　相同颜色的相邻节点是连通的

　　从鼠标单击的节点开始，向上下左右四个方向以递归的形式搜索，就可以遍历所有连通的节点，代码如下。

```cpp
#include <bits/stdc++.h>
using namespace std;

//像素图的颜色值以及边长
int c[1005][1005], n, m;
//访问标记
bool vis[1005][1005];

//算法核心函数，试图将第 x 行第 y 列的像素标记为颜色 color 的连通块
void drop_color(int x, int y, int color) {
    //越界
    if (x<0 or x >= n or y<0 or y >= m)return;
    //不同色
    if (c[x][y] != color)return;
    //更新访问标记
    vis[x][y] = true;
    //递归地向四个方向延伸
    drop_color(x - 1, y, color);
    drop_color(x + 1, y, color);
    drop_color(x, y - 1, color);
    drop_color(x, y + 1, color);
}

int main() {
    //输入
    cin >> n >> m;
    for (int i = 0; i < n; i++) {
        for (int j = 0; j < m; j++) {
```

```
            cin >> c[i][j];
        }
    }
    int x, y;
    cin >> x >> y;
    //求解
    drop_color(x, y, c[x][y]);
    //输出
    for (int i = 0; i < n; i++) {
        for (int j = 0; j < m; j++) {
            cout << ".!"[vis[i][j]] << " \n"[j == m - 1];
        }
    }
    return 0;
}
```

　　核心代码是drop_color函数，包含三个参数：x、y、color，表示试图将第x行第y列的像素标记为颜色color的连通块，如果该像素点与鼠标单击的像素点是连通的，那么这个像素点会被该函数访问到，在vis数组中做出标记，最后只需查看vis数组中标记了哪些像素点即可。

　　如果运行代码，你会发现，这段代码崩溃了，为什么呢？先说结论，因为它发生了无限递归。什么是无限递归？举一个例子，如何获得1万元？存款100万元到银行，一年的利息就能至少达到1万元，那么问题来了，如何获得100万元呢？很简单，存款1亿元到银行，一年产生的利息足够100万元，那么问题又来了，如何获得1亿元呢？存款100亿元……

　　在这个问题中，每一步的逻辑都没有错，但每一步都将一个还没有解决的问题转化为另一个还没有解决的问题，这个问题永远都不会解决，如图4.4所示。

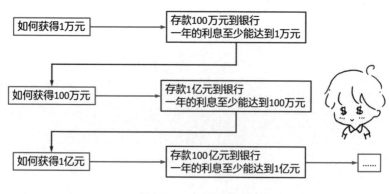

图4.4　一个无限递归的逻辑

回到这段代码，仔细检查，你会发现这段程序的递归在大多数情况下都是没有尽头的，它会不断找到与当前节点相连的点然后移动过去，在这个图中来回移动，除非鼠标单击的节点与任何节点都不相连。

计算机在实现递归时，使用了栈这一数据结构，在搜索的过程中，程序会把走过的路径暂存到栈中，如果一直走不到尽头，栈中存储的数据太多，就会造成栈溢出，导致程序崩溃。在C++中，可以手动调整递归栈的大小，但对于上述代码，栈空间再大也无济于事，那么需要做的是修改程序，防止无限递归。只需在代码中添加一行即可。

```
void drop_color(int x, int y, int color) {
    //如果当前点已经被访问过，那么不必再次访问
    if (vis[x][y])return;
    if (x<0 or x >= n or y<0 or y >= m)return;
    if (c[x][y] != color)return;
    vis[x][y] = true;
    drop_color(x - 1, y, color);
    drop_color(x + 1, y, color);
    drop_color(x, y - 1, color);
    drop_color(x, y + 1, color);
}
```

这一行代码保证了每一个节点都至多会被作为起点访问一次，如果在搜索过程中到达了一个曾经到过的点，那么不再将这个点作为起点继续搜索下去。这样一来，搜索的深度不会超过节点的总数，也就不会造成栈溢出。修改后的代码将会按照图4.5中的路径遍历所有连通的节点。

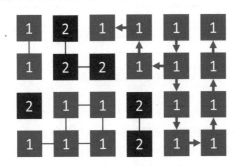

图4.5　搜索的路径

若此时分析时间复杂度可知，既然每一个节点都至多会被作为起点访问一次，那么每条边也至多会被访问一次，边的个数不会超过点的个数的4倍，因此时间复杂度上限为$O(n)$，其中n是节点的总数。

通过这个例子可以认识到，在利用递归实现深度优先搜索算法时，稍有不慎就会导致无限递归，进而导致栈溢出，程序崩溃。这也是深度优先搜索的难点之一，因此在实现搜索算法时，必须谨慎地分析程序搜索的走向，防止上述情况发生。

4.2 记忆化

在本章开始，就提到了将会展示用搜索算法实现游戏中的 AI，但是这个过程可能有些复杂，所以还要阅读本节内容，为理解后续内容做铺垫。

人类在思考问题时，会根据以往的经验来作出决策，所谓"以往的经验"就是记忆。举个例子，在计算 5×8 时，脑海中会立刻出现一句话——"五八四十"。即九九乘法口诀，小学时学过的九九乘法口诀已深深地刻在每个人的脑海里，每次遇到十以内的乘法时，就会在记忆中取出这部分内容，直接得到结果，而不是计算 8+8+8+8+8 这样略显复杂的算式，如图 4.6 所示。

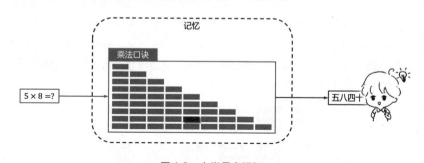

图 4.6　人类具有记忆

对于计算机而言，也可以实现"记忆"的机制，简单地说，就是把计算结果暂存到内存中，需要时直接读取，下面介绍一个简单的例子。

例题：求斐波那契数列的第 n 项。斐波那契数列是前两项为 1，之后每一项等于前面两项之和的数列，用数学公式表达为

$$F_n = \begin{cases} 1, & n = 0,1 \\ F_{n-2} + F_{n-1}, & n > 1 \end{cases}$$

输入格式：

一个整数 n。

输出格式：

一个整数 F_n。

数据范围：

$0 \leqslant n \leqslant 90$。

样例输入：

45

样例输出：

1836311903

当然，你肯定会有疑问，这个问题用一个 for 循环就能解决了？实际上也确实如此，用这个简单的例子来介绍记忆化搜索，是为了便于读者理解。下面先给出一段代码。

```
long long F(int n) {
    //F(0)=F(1)=1
    if (n == 0 or n == 1)return 1;
    //F(n)=F(n-2)+F(n-1)
    else return F(n - 2) + F(n - 1);
}
```

输入输出部分的代码已省略。这段代码用递归的方式求 F_n，在正确性上是没有任何问题的，但是，如果试着运行它，并计算 F_{45} 时，就会发现，程序运行了很久，这是为什么呢？这里先把计算的过程用树形图展示出来，如图 4.7 所示。

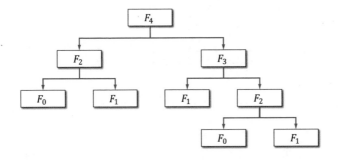

图 4.7　斐波那契数列第 4 项的计算过程

很显然，一些状态被重复计算了，例如，当计算 F_4 时，需要计算 F_2 与 F_3，当计算 F_3 时，需要计算 F_1 与 F_2，其中 F_2 计算了两次。当 n 比较大时，这些重复的冗余计算就会拖垮程序。如果计算时间复杂度，你会发现它达到了惊人的 $O(2^n)$。

那么，如何避免重复计算呢？其实很简单，在首次计算完毕后，将结果存储下来，以后每次需要重复计算时，先检查是否计算过，如果计算过，那么直接把之前存下的计算结果拿来用即可。根据这样的思路对代码进行修改。

```
long long F_memory[105];
long long F(int n) {
    if (n == 0 or n == 1)return 1;
    //在记忆化数组中查找计算结果
    else if (F_memory[n] != 0)return F_memory[n];
    else {
        //计算结果并存储到记忆化数组中
        F_memory[n] = F(n - 2) + F(n - 1);
        return F_memory[n];
    }
}
```

代码中使用数组 F_memory 存储已经计算过的 F_n，数组 F_memory 初始值全为 0，当 F_n 计算完毕后，F_n 的计算结果被存储到 F_memory[n] 中。经过这样的修改，算法的效率大幅度提升，以计算 F_4 为例，第 2 次需要 F_2 的值时，会直接使用之前计算的结果，对应的树形图如图 4.8 所示。

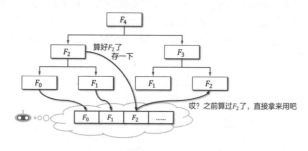

图 4.8　记忆化改变了计算过程

接下来再计算时间复杂度，每个状态至多被计算一次，所以时间复杂度为 $O(n)$，这与用 for 循环实现的版本相同。回顾整个计算过程可知，与修改前的代码相比，新代码多了一个用来存储计算结果的数组，这个数组可以理解为"记忆"，可以指导后续的计算。用来存储"记忆"的容器，可以随意选择，数组、红黑树、哈希表等数据结构都可以作为存储"记忆"的容器。

以上问题似乎和前文"油漆桶"问题中的 vis 数组有异曲同工之妙，都是为了避免重复访问同一个状态而做的设计。在可能出现重复状态的问题中，拥有"记忆"的搜索算法往往能够更加高效地解决问题。

另外需要注意的是，记忆化实际是用空间换时间的方法，只有状态数量足够小时，才能存储到内存中，如果一个问题的状态数量极多，没有足够的内存空间来实现记忆化，这个方法就失效了。

4.3　在游戏中制胜的 AI

经过前面的讲解，相信你已经能够理解深度优先搜索与记忆化的原理了，下面用搜索算法做一些有趣的事情，实现游戏中的 AI。

4.3.1　永远的平局——井字棋

先从一个简单的游戏开始。

例题：井字棋。在一个 3×3 的网格中，两位玩家轮流在空位中落子，先手用"○"，后手用"×"，当一方的棋子形成三点一线时，该玩家获胜。现在输入一个棋盘残局，计算必胜的落子位置。

输入格式：

首先输入一个整数 p，p=1 表示当前轮到先手玩家落子，p=2 表示当前轮到后手玩家落子；接下来 3 行，每行 3 个字符，表示棋盘的状态，其中"."表示没有棋子，"○"表示先手落子，"×"表示后手落子。

输出格式：

输出 3 行，每行 3 个字符，用空格隔开，如果棋盘中一个位置在落子后是必胜的，对应位置输出"!"，否则对应位置输出"."。

样例输入：

1
. × ○
. ○ .
× . .

样例输出：

```
...
..!
..!
```

用搜索算法实现井字棋 AI 的思路并不复杂，简言之，轮流模拟双方的落子策略，直到游戏结束为止。考虑在对方采取最优策略的情况下本方能否胜出，每一个残局都可以确定是必胜状态、必败状态或是平局状态中的一种。具体一点，在每一个棋盘状态下，有以下四种情况。

第 1 种情况：游戏已经结束，此时可以直接判断胜负。

第 2 种情况：从当前状态开始，枚举每一个可行的决策，如果能找到一个决策，让对方面临必败状态，那么当前状态是必胜状态，如图 4.9 所示。

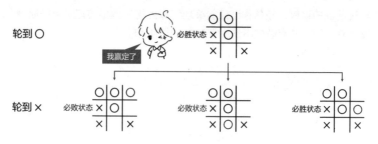

图 4.9　必胜状态

第 3 种情况：从当前状态开始，无论采取什么决策，都无法让对方面临必败状态，但可以令对方面临平局，那么当前状态也是平局状态，如图 4.10 所示。

图 4.10　平局状态

第 4 种情况：从当前状态开始，无论采取什么决策，都只能让对方面临必胜状态，那么当前状态是必败状态，如图 4.11 所示。

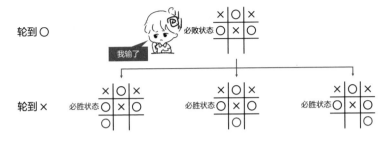

图 4.11　必败状态

还有一个问题，是否需要记忆化呢? 这就需要思考会不会出现重复的状态，实际上是会的，如以下例子，如图 4.12 所示。

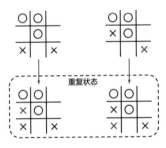

图 4.12　某一状态可能重复出现

所以，记忆化是必要的，那么如何表示状态呢? 用一个 3×3 的数组即可，数组中每个数字都能表示该位置的情况，0 表示无子，1 表示先手落子，2 表示后手落子。

每个格子有 3 种状态，所有的 9 个格子，总共有 3^9=19683 种状态。为了方便记忆，将一个棋盘的状态当作一个三进制数，就可以将棋盘状态编码为整数，进而可以对该状态的结果进行记忆化处理，如图 4.13 所示。

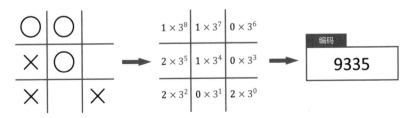

图 4.13　将棋盘状态编码为整数

实现代码如下。

```cpp
#include <bits/stdc++.h>
using namespace std;

//记忆化数组
int memory[20000];
//棋盘状态
int board[3][3];

//编码函数，将棋盘状态编码为整数
int encode() {
    //编码为三进制数
    int ans = 0;
    for (int i = 0; i < 3; i++) {
        for (int j = 0; j < 3; j++) {
            ans = ans * 3 + board[i][j];
        }
    }
    return ans;
}

//判断游戏是否结束
//-1: 游戏还未结束
//0: 游戏以平局结束
//1: 先手已获胜
//2: 后手已获胜
int game_end() {
    //枚举每一位玩家
    for (int player = 1; player <= 2; player++) {
        //查找该玩家是否存在三点一线
        for (int i = 0; i < 3; i++) {
            if (
                board[i][0] == player
                and board[i][1] == player
                and board[i][2] == player
            )return player;
            if (
                board[0][i] == player
                and board[1][i] == player
                and board[2][i] == player
            )return player;
        }
```

```
        if (
            board[0][0] == player
            and board[1][1] == player
            and board[2][2] == player
        )return player;
        if (
            board[0][2] == player
            and board[1][1] == player
            and board[2][0] == player
        )return player;
    }
    //没有出现三点一线，检验是否还有空位
    for (int i = 0; i < 3; i++) {
        for (int j = 0; j < 3; j++) {
            if (board[i][j] == 0)return -1;
        }
    }
    //没有出现三点一线，且没有空位，游戏以平局结束
    return 0;
}

//求解当前状态下的胜者
int solve(int player) {
    //在记忆化数组中查找计算结果
    if (memory[encode()] != 0)return memory[encode()];
    //检验游戏是否已经结束
    if (game_end() != -1)return game_end();
    int another_player = 3 - player;
    int result = another_player;
    //枚举落子位置
    for (int i = 0; i < 3; i++) {
        for (int j = 0; j < 3; j++) {
            if (board[i][j] == 0) {
                //尝试在此处落子
                board[i][j] = player;
                //递归地对另一玩家的状态进行求解
                int next_result = solve(another_player);
                if (next_result == player) {
                    //如果能够令对方面对必败状态，那么此时是必胜状态
                    result = player;
                } else if (next_result == 0 and result == another_player) {
                    //如果不能令对方面对必败状态，那么尽可能争取平局
                    result = 0;
```

```
                    }
                    //撤回此处的落子，以便尝试其他落子方式
                    board[i][j] = 0;
                }
            }
        }
    //将当前状态的计算结果存储到记忆化数组中
    memory[encode()] = result;
    return result;
}

int main() {
    //输入
    int player;
    cin >> player;
    int another_player = 3 - player;
    for (int i = 0; i < 3; i++) {
        for (int j = 0; j < 3; j++) {
            string s;
            cin >> s;
            if (s == ".")board[i][j] = 0;
            else if (s == "o")board[i][j] = 1;
            else board[i][j] = 2;
        }
    }
    //枚举落子位置，求解胜负状态并输出
    for (int i = 0; i < 3; i++) {
        for (int j = 0; j < 3; j++) {
            string result = ".";
            if (board[i][j] == 0) {
                board[i][j] = player;
                if (solve(another_player) == player)result = "!";
                board[i][j] = 0;
            }
            cout << result << " \n"[j == 2];
        }
    }
    return 0;
}
```

　　代码中有三个函数——encode、game_end、solve，其中 encode 函数将当前棋盘的状态编码为一个整数，用来作为记忆化的索引；game_end 函数用来判断当前游戏是否结束，并返回游戏的胜负状态，其中1表示先手胜，2表示后手胜，

0表示平局，–1表示游戏还未结束；solve函数用来计算假定双方都采取最优策略的条件下当前状态的胜者。

在solve函数中，枚举每一个可以落子的位置，递归计算落子后的胜负状态，注意这里并没有将整个棋盘的状态作为参数传递下去，而是将其作为全局变量使用，这是一个节省内存空间的小技巧；计算结果被存储到memory数组中，如果发现memory数组中存在当前状态的计算结果，直接将其返回，避免后续的冗余计算。

记忆化带来了多少提升呢？下面统计solve函数的调用次数，输入以下样例：

1

· · ·

· · ·

· · ·

在使用记忆化的情况下，solve函数被调用了16167次，而不使用记忆化时，solve函数被调用了549945次，相差了34倍，这说明在本问题中记忆化对效率的提升效果是非常可观的。

另外，注意此处一个有趣的结论，这个输入样例是一个空棋盘，而程序输出了9个点，如果进一步输出程序的计算结果会发现，无论先手落子在何处，只要两位玩家有一定的下棋水平，游戏最终都会以平局收场。实际上类似的很多游戏也是如此，在游戏规则的约束下就已确定了结果，但如果游戏足够复杂，没办法计算出哪方必胜，保持着未知性的游戏战局往往能够让玩家们沉浸其中，可以享受探索最优策略的乐趣。

4.3.2　一起来解谜——数独

下面来了解另一个游戏——数独（Sudoku），在一个9×9的网格上，有若干个数字已经填好，玩家需要做的，是在每一个空余的网格中填入1~9中的一个数字，保证每一行、每一列、每一个图中的3×3的网格中不存在重复的数字，如图4.14所示。

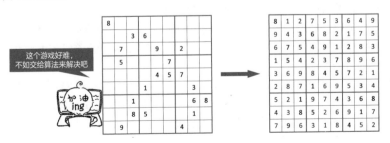

图4.14　数独

输入格式：

输入包含9行，每行9个数字，表示游戏开局的状态，其中0表示空余的网格，1~9表示已经填好的数字。

输出格式：

输出包含9行，每行9个数字，表示填好后的网格，需要满足游戏规则。

样例输入：

8 0 0 0 0 0 0 0 0
0 0 3 6 0 0 0 0 0
0 7 0 0 9 0 2 0 0
0 5 0 0 0 7 0 0 0
0 0 0 0 4 5 7 0 0
0 0 0 1 0 0 0 3 0
0 0 1 0 0 0 0 6 8
0 0 8 5 0 0 0 1 0
0 9 0 0 0 0 4 0 0

样例输出：

8 1 2 7 5 3 6 4 9
9 4 3 6 8 2 1 7 5
6 7 5 4 9 1 2 8 3
1 5 4 2 3 7 8 9 6
3 6 9 8 4 5 7 2 1
2 8 7 1 6 9 5 3 4
5 2 1 9 7 4 3 6 8
4 3 8 5 2 6 9 1 7
7 9 6 3 1 8 4 5 2

样例中的数独难题是由芬兰数学家因卡拉花费三个月的时间设计出的，被称为"世界最难数独"，感兴趣的读者可以尝试解决。

数独问题与前文中的井字棋是完全不同的游戏，在井字棋中，有两位玩家互相博弈，而在数独问题中，只有一位玩家。但这两个游戏的决策过程都可以认为是序列决策过程。

用搜索算法玩数独游戏时，尝试将每一个数字填到每一个空位中。以样例为例，共有60个空余的网格，可以认为有60个机器人在合力解决数独难题，第1个机器人负责填第1个空位，第2个机器人负责填第2个空位……最后一个机器人负责填最后一个空位，如图4.15所示。

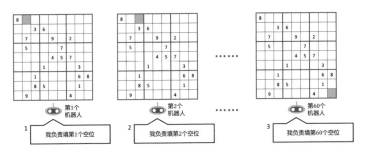

图 4.15　每个机器人的分工

第 n 个机器人在填数字时，枚举每一个可以填入的数字，填好后交给第 $n+1$ 个机器人，如果第 $n+1$ 个机器人以及后续的其他机器人把剩余的网格填好了，说明已经解决了这个难题，如图 4.16 所示。

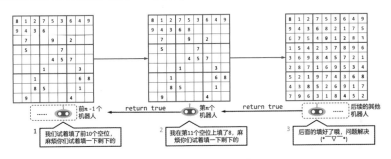

图 4.16　成功填好每个空格

如果第 $n+1$ 个机器人以及后续的其他机器人无法填好剩余的网格，说明这时第 n 个机器人填的数字是错误的，第 n 个机器人将继续尝试填入下一个数字，如图 4.17 所示。

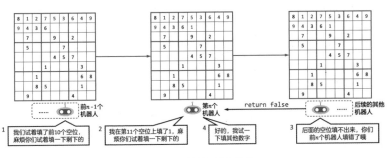

图 4.17　无法填好剩余网格

如果第n个机器人尝试完所有数字后，后续的机器人仍然反馈无法填好剩余的网格，说明前$n-1$个机器人出错了，第n个机器人把这个信息反馈给第$n-1$个机器人即可，如图4.18所示。

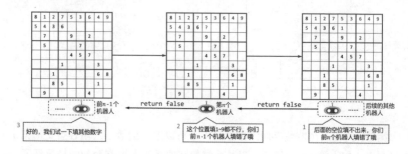

图4.18　无法填好剩余网格

那么，在数独游戏中，会出现重复的状态吗？答案是不会，也就不需要记忆化。至此问题解决，代码如下。

```cpp
#include <bits/stdc++.h>
using namespace std;

//数独网格，其中0表示空位
int a[15][15];

//判断这个空位能否填数字
bool canFill(int x, int y, int n) {
    //查找当前行是否有重复数字
    for (int i = 1; i <= 9; i++) {
        if (a[x][i] == n)return false;
    }
    //查找当前列是否有重复数字
    for (int i = 1; i <= 9; i++) {
        if (a[i][y] == n)return false;
    }
    //查找当前3*3网格中是否有重复数字
    int px, py;
    if (x <= 3)px = 1;
    else if (x <= 6)px = 4;
    else px = 7;
    if (y <= 3)py = 1;
    else if (y <= 6)py = 4;
    else py = 7;
    for (int i = 0; i <= 2; i++) {
```

```
        for (int j = 0; j <= 2; j++) {
            if (a[px + i][py + j] == n)return false;
        }
    }
    //按照游戏规则，当前位置可以填数字n
    return true;
}

//用深度优先搜索算法尝试填数字
bool dfs() {
    //枚举每一个网格位置
    for (int i = 1; i <= 9; i++) {
        for (int j = 1; j <= 9; j++) {
            //如果已经填过数字，跳过即可
            if (a[i][j] != 0)continue;
            //找到第1个空位，枚举1~9每一个数字，尝试填入
            for (int n = 1; n <= 9; n++) {
                //如果可以填该数字
                if (canFill(i, j, n)) {
                    //填写该数字，更新网格状态
                    a[i][j] = n;
                    //把网格交给后续的机器人，如果后续的机器人能填好，返回true
                    if (dfs())return true;
                    //如果后续的机器人不能填好，
                    //撤回刚刚填入的数字，以便尝试填入其他数字
                    a[i][j] = 0;
                }
            }
            return false;
        }
    }
    return true;
}
int main() {
    //输入
    for (int i = 1; i <= 9; i++) {
        for (int j = 1; j <= 9; j++) {
            cin >> a[i][j];
        }
    }
    //求解
    dfs();
    //输出
```

```
    for (int i = 1; i <= 9; i++) {
        for (int j = 1; j <= 9; j++) {
            cout << a[i][j] << " ";
        }
        cout << endl;
    }
    return 0;
}
```

代码中有两个函数，canFill函数用来判断按照游戏规则能否将数字 n 填入第 x 行第 y 列的空位中；dfs函数是核心函数，用来找到下一个还没有填的空位，尝试将1~9每一个数字填入，并递归地把网格交给下一个机器人，如果能够将所有的空位填好，就返回true，否则返回false。只要理解了这些机器人的工作流程，就不难理解这段代码。

4.3.3 速战速决——拼图

在某些游戏中，保证能赢是不够的，还需要赢得更快。接下来这个游戏，是一个拼图游戏，在一个3×3的网格中有8个拼图碎片，以及一个空余网格，每一步只能将与空余网格相邻的一个拼图碎片平移到空余网格中，请你计算至少需要多少步才能将拼图复原，如图4.19所示。

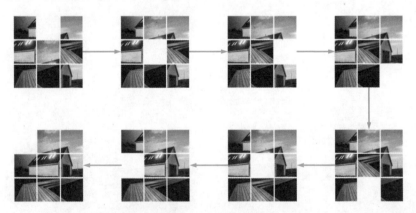

图4.19 拼图游戏

为了简化问题，用数字1~8来表示每个拼图碎片，用0表示空余网格，完全复原后的图形如图4.20所示。

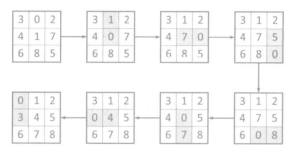

图 4.20　拼图游戏（用数字表示拼图碎片和空余网格）

输入格式：

输入包含 3 行，每行 3 个数字，表示拼图网格的布局，其中 1~8 表示每个拼图碎片，0 表示空余网格。

输出格式：

输出一个整数，表示复原拼图最少需要的步数，如果无法复原，输出 –1。

样例输入：

3 0 2

4 1 7

6 8 5

样例输出：

7

如果按照深度优先搜索的方式进行求解，那么确实可以找到复原拼图的方法，但没办法保证是步数最少的方法，此时需要换一种搜索的方式——广度优先搜索（Breadth First Search, BFS）。

以样例为例，如果是深度优先搜索，前几个状态的顺序如图 4.21 所示。

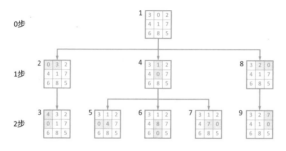

图 4.21　深度优先搜索的搜索顺序

如果改变搜索顺序，先遍历一步就能达到的状态，再遍历两步能达到的状态，然后遍历三步能达到的状态……保证不重复走任何一个状态，那么就能保证达到每一个状态时是经过最少步数到达的，遍历的顺序如图4.22所示。

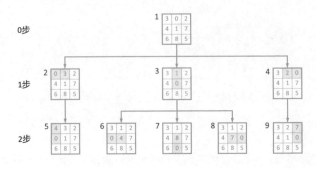

图4.22　广度优先搜索的搜索顺序

那么如何实现这个过程呢? 暂时抛弃函数的递归，借助队列这一数据结构来实现，每当遇到一个新的状态时，就把这个状态放进队列中，依次处理队列中的每一个状态，直到得到答案或队列清空。

还是以本题的样例为例，最开始队列中只有一个状态，也就是初始状态，这个状态是走0步就可以达到的状态，如图4.23所示。

图4.23　0步可以达到的状态

然后把排在队首的状态取出，它能够达到三个状态，这三个状态是走1步就可以达到的状态，把这三个状态放进队列的末尾，等待后续处理，如图4.24所示。

此时队列还未清空，再次取出排在队首的状态，它可以达到两个状态，但其中一个状态已经遍历过，将其跳过，把另一个没有遍历过的状态放入队列中，如图4.25所示。

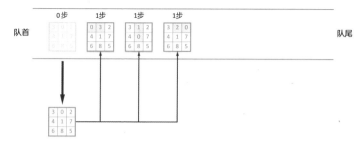

图 4.24 1 步可以到达的状态

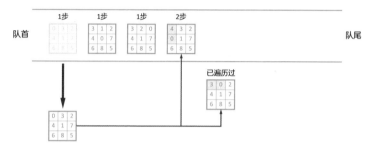

图 4.25 2 步可以到达的状态 1

重复这个过程，每次取队首的状态，把它后续状态中没有遍历过的放入队尾，直到出现拼图复原的状态。如果直到队列清空拼图都未复原，那么这个拼图游戏是无法复原的，如图 4.26 所示为 2 步可以到达的状态。

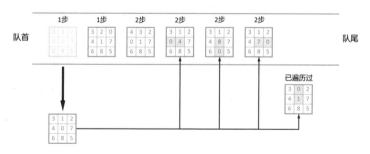

图 4.26 2 步可以到达的状态 2

此外，在代码中，需要判断一个状态是否曾被遍历过，以及记录每个状态被遍历时的最小步数，所以需要把每个状态编码成一个整数。总共的状态数就是

9个元素的全排列数，也就是9!=362880，所以把所有状态存下来是完全可行的，编码方式和井字棋中的类似，使用C++中的unordered_map来存储，具体的代码如下。

```cpp
#include <bits/stdc++.h>
using namespace std;

//拼图游戏状态
struct Board {
    //存储每个网格中的拼图碎片（1~8表示拼图碎片，0表示空余网格）
    int board[3][3];
    //将当前状态编码为一个整数
    int encode() {
        int ans = 0;
        for (int i = 0; i < 3; i++) {
            for (int j = 0; j < 3; j++) {
                ans = ans * 9 + board[i][j];
            }
        }
        return ans;
    }
    //判断当前的拼图是否已经复原
    bool win() {
        for (int i = 0; i < 3; i++) {
            for (int j = 0; j < 3; j++) {
                if (board[i][j] != i * 3 + j)return false;
            }
        }
        return true;
    }
};
//队列，用于广度优先搜索
queue<Board> q;
//unordered_map用于判断一个状态是否曾被遍历过，以及记录每个状态被遍历时的最小步数
unordered_map<int, int> step;
//四个移动方向
int dx[4] = { -1, 0, 1, 0}, dy[4] = {0, -1, 0, 1};
//广度优先搜索
int bfs(Board b) {
    //处理初始状态
    q.push(b);
    step[b.encode()] = 0;
    //开始广度优先搜索
```

```
    while (!q.empty()) {
        //取出队首的状态
        b = q.front();
        q.pop();
        //如果拼图已经复原，直接结束搜索
        if (b.win())return step[b.encode()];
        //当前状态所需的最小步数
        int now_step = step[b.encode()];
        //找到空余网格的位置
        for (int i=0; i<3;i++)for (int j=0;j<3;j++)if(b.board[i][j]==0) {
            //枚举空余网格的上下左右四个方向
            for (int d = 0; d < 4; d++) {
                int x = i + dx[d], y = j + dy[d];
                if (x<0 or x>2 or y<0 or y>2)continue;
                //把对应方向的拼图碎片移动过来，得到后续状态
                swap(b.board[i][j], b.board[x][y]);
                //如果后续状态没有被遍历过，放入队列中
                if (!step.count(b.encode())) {
                    q.push(b);
                    step[b.encode()] = now_step + 1;
                }
                //复原状态
                swap(b.board[i][j], b.board[x][y]);
            }
        }
    }
    //如果直到队列清空拼图都未复原，那么这个拼图游戏是无法复原的
    return -1;
}

int main() {
    //输入
    Board b;
    for (int i = 0; i < 3; i++) {
        for (int j = 0; j < 3; j++) {
            cin >> b.board[i][j];
        }
    }
    //计算并输出
    cout << bfs(b) << endl;
    return 0;
}
```

在广度优先搜索中，剪枝等提高计算效率的技巧同样可以应用，与深度优先搜索相比，广度优先搜索能保证每次达到一个状态时是以最短路径达到的，这可以让AI"速战速决"，另外，在一些游戏中，基于广度优先搜索的算法可以用来"寻路"，帮助AI找到从起点到终点的最短路径。在最短路径问题上，广度优先搜索算法还可以扩展成更通用的Dijkstra算法，只需要把算法中的队列改为优先队列，优先队列中的每一个点按照到起点的距离"排序"即可。

但是，广度优先搜索也有缺点，由于需要存储一个长长的队列，往往需要更多的内存空间；由于广度优先搜索先处理当前状态，后处理后续状态，所以如果需要使用后续状态的计算结果来处理当前状态，那么广度优先搜索是难以胜任的。

还记得本章开头的零钱搭配问题吗? 它也可以用广度优先搜索算法解决，这个问题留给读者自行思考。

4.4　迭代加深

搜索算法虽然能够灵活地寻找问题的答案，但是需注意，如果可能的答案过多，搜索算法也会力不从心，所以说，搜索算法能够解决问题的前提是搜索空间足够小，当这个前提不成立时，则要限制搜索空间，才能让搜索算法继续发挥作用。

4.4.1　搜索的深度

到现在为止，已经利用搜索算法完美地解决了井字棋、数独与拼图问题，更加复杂的游戏又如何呢?

很遗憾，用前文中的思路很难实现更加复杂的游戏AI，如五子棋、围棋等，究其原因，还是时间复杂度太高。以井字棋为例，第1步有9种决策，第2步有8种决策……第9步有1种决策，所以至多有$9 \times 8 \times 7 \times ... \times 1=362880$种情况；但是五子棋的棋盘大很多，共有$15 \times 15=225$个可以落子的位置，按照类似的方法计算，至多有$225 \times 224 \times ... \times 1$种情况，计算结果如下。

55971593537537760404604573101364593176499404892579159768377152549
39514924533064748383327791586438878444782089663196682375351490697 2682
97356575580132932651007191874294356535405166563479092467441341108 5992
88662212554176463401989115916742008664848348370191673325762055176 27036
48325379440730697875571890344334786574299450407459134155346330065 9613

88198972801957484316615567463363379200000000000000000000000000000000
0000000000000000000000000

这样庞大的计算量，是算不完的。当然，可以选择适当的剪枝，比如每次落子只考虑与现有棋子相邻的位置，感兴趣的读者可以思考探索更多的剪枝策略。

只有剪枝和记忆化还是不够的，让时间复杂度飞快变大的根本原因在于搜索的深度。什么是搜索的深度呢？从代码上理解，搜索的深度就是函数持续递归调用的次数；从决策过程上理解，搜索的深度就是决策序列的长度，如图4.27所示。例如，在井字棋中，搜索的深度为9；在数独中，搜索的深度为空位的个数，至多是81；而在五子棋中，搜索的深度达到了225，这是不能接受的。

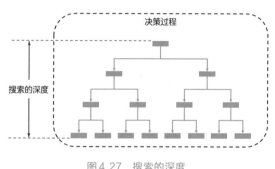

图4.27　搜索的深度

所以，在复杂问题中，要限制深度，如图4.28所示。

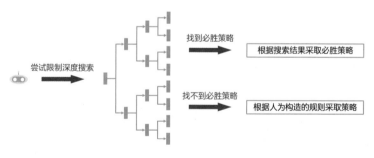

图4.28　限制搜索深度

例如，在五子棋中，可以将深度限制为4，考虑能否在4步以内找到必胜策略，如果能在4步以内找到必胜策略，那么直接采取必胜策略即可；如果在4步以内找不到必胜策略，说明目前局势尚不明朗，对于人类和计算机来说都难以判断胜负，此时可以根据人为构造的规则规划策略，至于人为构造的规则是什么，是一个没有固定答案的开放问题，可以是完全随机的策略，又或是游戏专家们为游戏制定的策略。

限制深度之后，策略就不那么完美了，计算机并不能保证总是能找到必胜的策略，但是，只要人为构造的规则足够完美，就足以弥补搜索算法的劣势，实现比较高的胜率。如何将人为构造的规则设计得完美，是目前大多数游戏AI的设计难点之一。

4.4.2 加深加深再加深——扫雷

下面来看一个有点复杂的问题——扫雷，在这个问题中，将尝试限制深度。

在 n 行 m 列的网格中，有若干个格子中埋藏着地雷，而在没有地雷的格子上标有数字，表示这个格子周围8个格子中地雷的数量，如图4.29所示。在游戏过程中，有些格子是未知的，现在请你来判断某个未知格子是否有地雷。

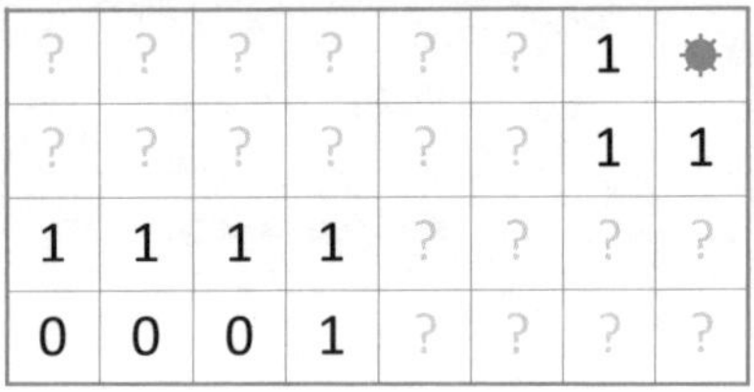

?	?	?	?	?	?	1	✸
?	?	?	?	?	?	1	1
1	1	1	1	?	?	?	?
0	0	0	1	?	?	?	?

图4.29 扫雷

输入格式：

第1行为两个整数 n,m，表示网格的行数和列数；接下来的 n 行，每行有 m 个用空格隔开的字符，"*"表示地雷，"?"表示未知格子，数字表示格子周围的地雷数量；最后一行为两个整数 x, y，表示要考虑的格子位置是第 x 行第 y 列。

输出格式：

如果能够判断第 x 行第 y 列的格子是地雷，那么输出1；如果能够判断第 x 行第 y 列的格子不是地雷，那么输出 -1；如果不能判断，那么输出0。

数据范围：

$1 \leqslant n,m \leqslant 10$。

样例输入：

4 8

? ? ? ? ? ? 1 *

? ? ? ? ? ? 1 1

```
1 1 1 1 ? ? ? ?
0 0 0 1 ? ? ? ?
1 3
```

样例输出：

−1

要想解决这个问题，需要用到数学思想——反证法，假设一个命题成立，找到矛盾，进而证明这个命题不成立。在扫雷问题中，假设这个格子是地雷，如果能够找到矛盾，就可以推翻假设，得到这个格子不是地雷的结论，反过来也是一样。

解决问题的关键在于如何找到矛盾。不难发现，在扫雷问题中，如果要推断某个位置是否为地雷，只需要考虑这个位置附近的格子即可，需要在附近找到一条"关键路径"。这样定义"关键路径"："关键路径"是由未知格子形成的连通块，且"关键路径"上任何一种地雷排布都是不合理的。

例如，在样例中，假设一个位置是地雷，那么它右下方这条长度为2的路径如图4.30所示。

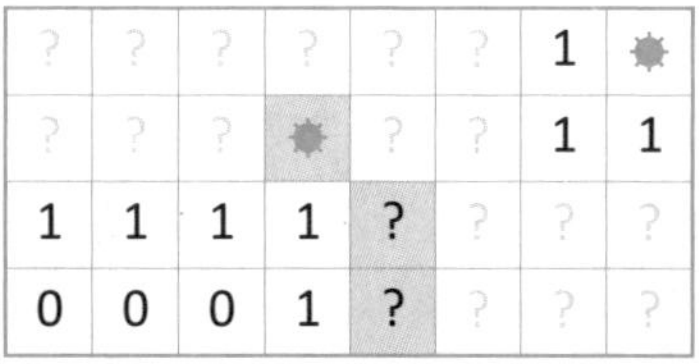

图4.30 右下方长度为2的路径

这条路径上有两个格子，每个格子有"是地雷"和"不是地雷"两种情况，总共有 $2^2=4$ 种不同的地雷排布，但这4种地雷排布都是不合理的。例如，在图4.31中第1种地雷排布，数字1周围没有地雷，所以这种地雷排布是不合理的，其他三种地雷排布也类似，如图4.31所示。

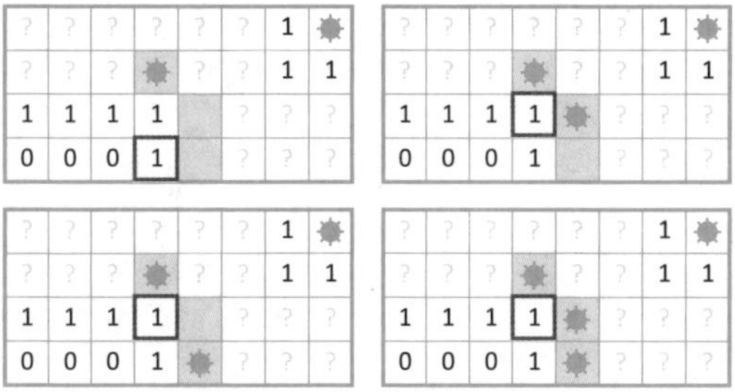

图4.31 四种不同的地雷排布

所以，这条路径就构成了一条"关键路径"，可以推翻这个格子是地雷的假设。

下面可以尝试编写代码，先把需要用到的变量以及几个函数写好。

```
//行数和列数
int n, m;
//数字网格，1~8表示数字，9表示未知格子或地雷
int board[15][15];
//地雷网格，1表示有地雷，0表示未知，-1表示没有地雷
int mine[15][15];
//标记访问过的位置
int vis[15][15];
//路径的坐标
vector<int> path_x, path_y;
```

在这里，先实现一个check_valid函数，用来判断当前mine数组中的地雷排布是否是合理的。方法很简单，枚举每一个数字网格，假设这个格子上的数字是n，也就是说它周围恰好有n个地雷，查看它周围的8个格子，假设这8个格子中有x个地雷，有y个未知格子，那么需要满足$x \leqslant n \leqslant x+y$，检验这个条件是否成立就可以了，如图4.32所示。

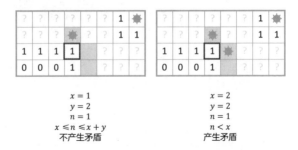

$x = 1$
$y = 2$
$n = 1$
$x \leqslant n \leqslant x + y$
不产生矛盾

$x = 2$
$y = 2$
$n = 1$
$n < x$
产生矛盾

图 4.32　判断地雷排布是否产生矛盾

```
//检验x,y是否超出边界
bool in_range(int x, int y) {
    return x >= 0 and x<n and y >= 0 and y < m;
}
//检验当前mine数组中的地雷排布是否合理
bool check_valid() {
    for (int x = 0; x < n; x++) {
        for (int y = 0; y < m; y++) {
            if (board[x][y] >= 0 and board[x][y] < 9) {
                //计算四周8个格子的地雷数量与未知格子数量
                int mine_num = 0, unknow_num = 0;
```

```
                for (int i = -1; i <= 1; i++) {
                    for (int j = -1; j <= 1; j++) {
                        if (in_range(x+i, y+j) and board[x+i][y+j] == 9) {
                            if (mine[x + i][y + j] == 1)mine_num++;
                            else if (mine[x + i][y + j] == 0)unknow_num++;
                        }
                    }
                }
                if (
                    board[x][y]<mine_num or
                    board[x][y]>mine_num + unknow_num) {
                    return false;
                }
            }
        }
    }
    return true;
}
```

接下来检验一条存储在path_x、path_y中的路径是否为"关键路径"。这个问题与前面的零钱搭配问题有些类似，可以直接利用二进制搜索法，尝试每一种可能的地雷排布，调用check_valid函数判断地雷排布是否合理。只有当全部的地雷排布都不合理时，才能说明这个路径是"关键路径"。

```
//检验一条路径是否为"关键路径"
bool check_path() {
    bool flag = true;
    int all_state = 1 << path_x.size();
    for (int s = 0; s < all_state; s++) {
        int temp = s;
        for (int i = 0; i < (int)path_x.size(); i++) {
            mine[path_x[i]][path_y[i]] = temp % 2 == 1 ? 1 : -1;
            temp /= 2;
        }
        //如果存在一种合理的地雷排布，那么这条路径不是"关键路径"
        if (check_valid()) {
            flag = false;
            break;
        }
    }
    //清空mine数组，避免与后续计算冲突
    for (int i = 0; i < (int)path_x.size(); i++) {
        mine[path_x[i]][path_y[i]] = 0;
```

```
    }
    return flag;
}
```

接下来，构造路径。那么问题是，需要找多长的路径呢？在样例中，所求格子附近的未知格子是非常多的，也就是说，以所求格子为起点，通过搜索得到的路径长度可能很长，然而判断一条路径是否是"关键路径"的算法的时间复杂度至少为$O(2^n)$，一条长长的路径会让整个程序需要的时间瞬间"爆炸"。所以，要限定搜索的深度，也就是限制路径的长度，如图4.33所示。

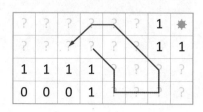

图4.33　限制路径的长度

在下面的代码中，实现了search_path函数，这个函数的原理与前面的"油漆桶"问题类似，寻找周围相邻的未知格子构成路径，将它们的行列坐标分别存储到path_x和path_y中，并在达到最大搜索深度后调用check_path函数判断这条路径是否是"关键路径"。

```
//查找是否存在"关键路径"，当前已走到第x行第y列，最大搜索深度为max_depth
bool search_path(int x, int y, int max_depth) {
    //如果路径长度达到最大深度，判断该路径是否为"关键路径"
    if ((int)path_x.size() == max_depth)return check_path();
    //枚举相邻的位置，扩展路径
    for (int i = -1; i <= 1; i++) {
        for (int j = -1; j <= 1; j++) {
            //找到一个没有访问过的未知格子
            if (in_range(x + i, y + j) and board[x + i][y + j] == 9
                and !vis[x + i][y + j] and mine[x + i][y + j] == 0) {
                //将该点加入队列，并继续搜索
                vis[x + i][y + j] = 1;
                path_x.push_back(x + i);
                path_y.push_back(y + j);
                if (search_path(x + i, y + j, max_depth))return true;
                //加入该点后找不到"关键路径"，将其删除
                path_x.pop_back();
                path_y.pop_back();
```

深入浅出算法竞赛（图解版）

```
                    vis[x + i][y + j] = 0;
                }
            }
        }
        //找不到"关键路径"
        return false;
    }
```

再下一步，把搜索的深度限制为10，用反证法进行求解。

```
//判断第x行第y列是否有地雷
int solve_grid(int x, int y) {
    if (mine[x][y] != 0)return mine[x][y];
    //深度max_depth限制为10
    int max_depth=10;
    //清空vis数组与路径数组
    for (int i = 0; i < n; i++) {
        for (int j = 0; j < m; j++) {
            vis[i][j] = 0;
        }
    }
    path_x.clear();
    path_y.clear();
    //开始求解
    vis[x][y] = 1;
    //假设第x行第y列是地雷，如果找到"关键路径"，那么不是地雷
    mine[x][y] = 1;
    if (search_path(x, y, max_depth)) {
        mine[x][y] = 0;
        return -1;
    }
    //假设第x行第y列不是地雷，如果找到"关键路径"，那么是地雷
    mine[x][y] = -1;
    if (search_path(x, y, max_depth)) {
        mine[x][y] = 0;
        return 1;
    }
    mine[x][y] = 0;
    //无法判断
    return 0;
}
```

终于到了最后一步，把所有代码放在一起，完成输入和输出部分，代码就完成了。

```
#include <bits/stdc++.h>
using namespace std;

//行数和列数
int n, m;
//网格，1~8表示数字，9表示未知格子或地雷
int board[15][15];
//网格，1表示有地雷，0表示未知，-1表示没有地雷
int mine[15][15];
//标记访问过的位置
int vis[15][15];
//路径的坐标
vector<int> path_x, path_y;

//检验x,y是否超出边界
bool in_range(int x, int y) {...}
//检验当前mine数组中的地雷排布是否合理
bool check_valid() {...}
//检验一条路径是否为"关键路径"
bool check_path() {...}
//查找是否存在"关键路径"，当前已走到第x行第y列，最大搜索深度为max_depth
bool search_path(int x, int y, int max_depth) {...}
//判断第x行第y列是否有地雷
int solve_grid(int x, int y) {...}

int main() {
    //输入
    cin >> n >> m;
    string s;
    for (int x = 0; x < n; x++) {
        for (int y = 0; y < m; y++) {
            cin >> s;
            if (s == "?")board[x][y] = 9, mine[x][y] = 0;
            else if (s == "*")board[x][y] = 9, mine[x][y] = 1;
            else board[x][y] = s[0] - '0', mine[x][y] = -1;
        }
    }
    int x, y;
    cin >> x >> y;
    //计算并输出
    cout << solve_grid(x, y) << endl;
    return 0;
}
```

代码编写完成，但它的效率是否还有提升空间呢？刚才粗略地把搜索的深度限制到了10，并不是最优的值，但现在并不知道设置为多少合适。如果深度限制太小，就可能找不到"关键路径"；如果深度限制太大，时间复杂度就很高。为了在这两者之间作出权衡，我们使用一个限制深度的方法——迭代加深搜索（Iterative Deepening Depth First Search）。

在迭代加深搜索中，搜索的深度限制是动态的。首先尝试将深度限制为1，如果能够解决问题，那么直接停止；然后将深度限制为2，如果能够解决问题，那么停止，否则继续放宽深度限制，以此类推，直到问题解决或者深度达到10。如果深度达到10以后仍然不能解决问题，也要停止搜索，不要继续浪费时间去尝试解决一个无法解决的问题，如图4.34所示。

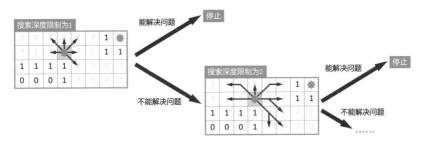

图4.34 迭代加深的思想

按照上述思路，得到修改后的代码如下。

```c
//判断第x行第y列是否有地雷
int solve_grid(int x, int y) {
    if (mine[x][y] != 0)return mine[x][y];
    //深度max_depth从1开始增加，至多为10
    for (int max_depth = 1; max_depth < 11; max_depth++) {
        //清空vis数组与路径数组
        for (int i = 0; i < n; i++) {
            for (int j = 0; j < m; j++) {
                vis[i][j] = 0;
            }
        }
        path_x.clear();
        path_y.clear();
        //开始求解
        vis[x][y] = 1;
        //假设第x行第y列是地雷，如果找到"关键路径"，那么不是地雷
        mine[x][y] = 1;
```

```
        if (search_path(x, y, max_depth)) {
            mine[x][y] = 0;
            return -1;
        }
        //假设第 x 行第 y 列不是地雷，如果找到"关键路径"，那么是地雷
        mine[x][y] = -1;
        if (search_path(x, y, max_depth)) {
            mine[x][y] = 0;
            return 1;
        }
        mine[x][y] = 0;
    }
    //无法判断
    return 0;
}
```

　　为了对比迭代加深搜索带来的性能提升，可以统计check_valid函数调用的次数。不使用迭代加深搜索时，check_valid函数被调用了1222次，而使用迭代加深搜索后，check_valid函数仅仅调用了41次。可见，在本样例中，迭代加深通过动态更新搜索的深度限制，实现了更高的效率。

　　如果把样例中所求的点1、3修改为0、0，效果却反了过来，迭代加深搜索的效率却更低了，因为根据现有的信息不足以推断这个位置是否有地雷，即使搜索的深度无限，也无济于事，所以比起直接把深度限制到10，迭代加深在较低深度时做了些"无用功"。值得注意的是，每个格子需要的搜索深度各不相同，平均下来，迭代加深算法的效率仍然是很高的。

4.5　那些更复杂的AI
——现代人工智能技术选讲

　　正如我们前面提到的，庞大的时间的复杂度是复杂游戏中人工智能的设计难点之一，剪枝、记忆化、限制深度虽然可以降低时间复杂度，但都有各自的缺点。剪枝需要来自人类专家的知识，不具有通用性；记忆化只在有重复状态的问题中才能生效，而且需要耗费内存空间，在状态数量极多时也是失效的；限制深度可以灵活地控制程序运行的时间，但限制深度后，如果找不到必胜策略，那么程序就会陷入迷茫，只能依赖人为构造的规则采取策略。

如果找不到最优的策略，那么可以考虑寻找足够优的策略；如果得不到精确的结果，那么可以考虑计算近似的结果。在这一思路的指导下，蒙特卡洛树搜索（Monte Carlo Tree Search）算法应运而生。

在第2章介绍了蒙特卡洛模拟算法，这是一种利用随机数模拟来做近似计算的算法。而在游戏中，以围棋为例，如果可以模拟双方的落子策略，只要模拟的次数足够多，就可以估计获胜的概率。例如，模拟10个棋局后，其中有7个棋局是获胜的，那么就可以认为当前状态下获胜的概率为0.7，如图4.35所示。

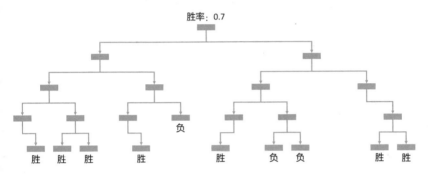

图4.35　利用随机数模拟估计胜率

但是，如何模拟双方的落子策略呢? 一个最简单的方法是完全随机选取落子的位置。这种对胜率的估计方法看似可行，实际存在一定的问题。

举个例子，如果在某个位置落子后，对方有100种落子策略可选，其中99个策略能让我方获胜，但如果对方采取剩余的1个策略，会使对方获胜。如果按照完全均匀的随机策略进行模拟，就会得到获胜概率为0.99的结论，但实际上，当这个 AI 程序与真正的玩家对弈时，真正的玩家并不会采取完全均匀随机的策略，只要玩家发现了那一个必胜的策略，就能够打败AI程序，如图4.36所示。

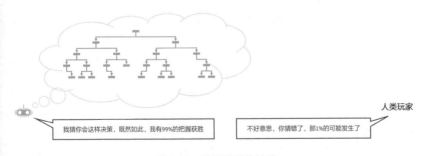

图4.36　随机模拟的缺陷

为了避免这种偏差，将搜索算法与蒙特卡洛模拟算法结合起来，诞生了蒙特卡洛树搜索算法。

　　在蒙特卡洛树搜索算法中，最开始只有一个根节点，表示当前的游戏状态，然后通过迭代扩展这棵树，树的结构与本章的树形图几乎完全是一致的，树上的每一个节点都表示一个状态，同时，树上的每个节点也记录了从当前状态开始的模拟结果，包括胜局次数与败局次数。当搜索达到一定的深度后，不再继续进行搜索，转而使用蒙特卡洛模拟算法估计获胜概率。

　　具体来说，蒙特卡洛树搜索算法的每一次迭代都分为四个步骤。

　　（1）选择。选择一个最值得探索的节点，所谓最值得探索的节点，可以是目前胜率较高的节点，这符合"双方都采取最优策略"的假设；也可以是目前从来没有被探索过的节点，这样可以找到更多的获胜方案。在广泛的实际应用中，往往会通过一定的方式，平衡两种探索方法。

　　（2）扩展。在所选节点的状态上，采取某种策略，对应地，在所选的节点上增加子节点，蒙特卡洛树结构会因此变得更加精细。

　　（3）模拟。以新增的节点为起点，利用蒙特卡洛树搜索算法，模拟双方的策略，得到最终的胜负结果。

　　（4）回溯。把当前模拟的结果反馈给从根节点到新增节点的所有节点，由于新增了一次模拟结果，沿途的每一个节点记录的胜负信息得到更新，如图4.37所示。

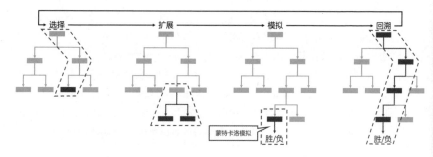

图4.37　蒙特卡洛树搜索

　　搜索算法足够精细，但时间复杂度太高；蒙特卡洛模拟算法比较粗糙，但时间复杂度低。蒙特卡洛树搜索算法巧妙地结合了搜索算法与蒙特卡洛模拟算法，在二者的优缺点之间做出折中处理。这样的算法有多大的潜力？

　　2015年，基于蒙特卡洛树搜索算法的AI程序在围棋中达到了专业6段的水平，这是一大飞跃，但仍然不及顶尖的人类围棋大师。2016年，来自谷歌的DeepMind团队将蒙特卡洛树搜索算法与神经网络模型相结合，打造了AlphaGo，终于让AI程序达到了顶尖人类围棋大师的水平。

神经网络是根据一组特定输入输出格式的数据集，拟合输入数据与输出数据间的关系的模型。在 AlphaGo 中，有四个神经网络模型——预演策略网络、监督学习策略网络、强化学习策略网络和价值函数网络，如图4.38所示。

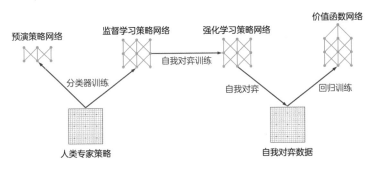

图4.38　AlphaGo流水线式的训练

（1）预演策略网络被用来替代蒙特卡洛树搜索算法中过于简单的蒙特卡洛模拟部分，预演策略网络被训练用来预测人类专家的走子策略，它的结构非常简单，因此预测结果的准确性不足，但效率足够高，可以进行快速模拟，在限制时间内得到足够多的模拟结果，其效果远超蒙特卡洛模拟算法。

（2）监督学习策略网络也被训练用来预测人类专家的走子策略，但与预演策略网络不同的是，监督学习策略网络的结构更加复杂，效率低但准确性足够高。可以说，监督学习策略网络是在模仿人类围棋大师。

（3）强化学习策略网络与监督学习策略网络结构相同，在监督学习策略网络的基础上，可进行自我对弈，以试图找到胜率更大的决策。强化学习策略网络在人类经验的基础上，进一步探索围棋的奥秘，并试图超越人类的决策。

（4）价值函数网络被用来评估当前状态获胜的概率，根据强化学习策略网络生成的自我对弈数据集进行训练。价值函数网络的作用与蒙特卡洛模拟算法的作用相同，但它不需要任何模拟，可直接预测获胜的概率。

在进行对弈时，AlphaGo 在蒙特卡洛树搜索算法的选择、扩展、模拟阶段加入了神经网络模型。在选择与扩展最值得探索的状态时，使用了监督学习策略网络，对人类棋手的行为进行了预测。在模拟阶段，使用预演策略网络进行快速模拟，得到估计的胜率，同时用价值函数网络对当前状态的胜率进行估计，两个估计的胜率结合起来，可得到更精确的胜率，如图4.39所示。

AlphaGo 的训练过程遵循先模仿人类，后自行探索的方法论，所以这里可以看到一套精细的流水线式训练过程。后来 DeepMind 团队抛弃了对人类的模仿，从零开始训练新的围棋 AI 程序——AlphaGo Zero，在 AlphaGo Zero 中，只有一个神经网络模型，同时预测胜率与决策，在模拟中，直接使用神经网络模型自我对弈来预测胜率，如图4.40所示。

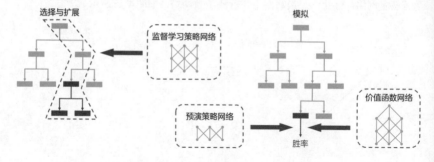

图4.39 AlphaGo对于胜率的预测

用蒙特卡洛树搜索算法得到了比神经网络模型更准确的胜率，再引导神经网络模型预测这个更准确的胜率，重复这个过程，可使神经网络模型预测得到的胜率越来越准确。AlphaGo Zero甚至能够以100:0的比分碾压AlphaGo，并打败了围棋世界冠军柯洁。

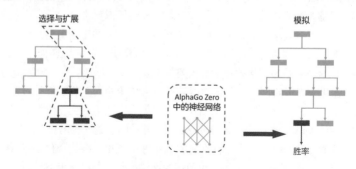

图4.40 AlphaGo Zero

在AlphaGo中看到了蒙特卡洛树搜索算法与神经网络模型的强大潜力，AlphaGo掀起了一阵研究人工智能的热潮，在此期待在未来的某一天，能够有更强AI程序的诞生。

第 **5** 章

状态间的奇妙转移
——动态规划

　　学会了搜索之后，已经可以用程序来解决很多问题了，在此基础上，接下来将介绍动态规划（Dynamic Programming）。

　　搜索算法与动态规划有千丝万缕的关系，搜索的过程就是在状态间转移，抵达每一个可行解的过程。例如，在井字棋问题中，状态是指棋盘上的落子情况，可行解则是指一连串的落子策略。动态规划的思想是从状态间的转移入手，在一些可以使用搜索算法解决的问题中进一步提升算法的效率。

　　在本章，将从搜索算法入手，带领读者初识动态规划的两种实现方式，在几个例题中厘清状态的定义与转移，并进一步介绍动态规划算法的优化技巧。

5.1 初探动态规划

首先通过下面两个例题，初探动态规划的基本思想与实现方式。动态规划通过状态间的转移来解决问题，这两个例题呈现了非递归和递归两种实现方式。前者适用于状态转移简单的问题，效率高；后者能够解决复杂的状态转移关系，但效率略有降低。

5.1.1 拼图游戏——从搜索到动态规划

小算买了一款拼图玩具，玩具包含 n 种不同的拼图碎片，每种拼图碎片的宽度都为1，长度各不相同，并且每种拼图碎片的数量足够多（可以认为是无限多），小算给你出了一个难题：有多少种方式可以拼出 $1 \times L$ 的形状？

图5.1　拼图游戏

输入格式：

第1行是两个整数 n, L，表示拼图碎片的种类数和要拼出形状的长度；第2行是 n 个整数 $l_0, l_1, \ldots, l_{n-1}$，表示每种拼图碎片的长度，第 i 种拼图碎片的形状即为 $1 \times l_i$。

输出格式：

输出一个整数，表示用 n 种拼图碎片拼出 $1 \times L$ 形状的方案数，由于数值很大，输出结果保留其除以 $10^9 + 7$ 的余数即可。

数据范围：

$1 \leqslant n, L, l_0, l_1, \ldots, l_{n-1} \leqslant 10^4$ 且 $l_0, l_1, \ldots, l_{n-1}$ 各不相同。

样例输入：

2 5

1 2

样例输出：

8

假定数据范围比较小，$L \leq 40$，从左往右，每一步枚举下一块拼图碎片的形状，就可以用搜索算法遍历每一种可行解。相信学会了搜索算法的你，可以用代码轻松实现该算法。

```cpp
#include <bits/stdc++.h>
using namespace std;

//拼图碎片的种类数、要拼出形状的长度
int n, L;
//每种拼图碎片的长度
int l[1005];
//用深度优先搜索求解length：当前已经拼出的长度
long long solve(int length) {
    if (length > L)return 0;
    else if (length == L)return 1;
    else {
        long long ans = 0;
        //枚举下一块拼图碎片的形状，将其长度加到length中，继续求解
        for (int i = 0; i < n; i++) {
            ans += solve(length + l[i]);
        }
        return ans;
    }
}

int main() {
    //输入
    cin >> n >> L;
    for (int i = 0; i < n; i++) {
        cin >> l[i];
    }
    //求解并输出
    cout << solve(0) << endl;
    return 0;
}
```

可惜的是，这种算法通过直接构造可行解来进行计数，所以程序执行所需的

时间与可行解的数量直接相关。如你所见，仅仅把样例中的 L 改为40，可行解的数量就达到了165580141，这样的算法没有办法处理太大的数据。

既然构造可行解不可行，那么可以尝试构造"状态"。什么是状态? 状态就是通往可行解的中间过程，可以根据实际的问题需要，任意地定义状态。在这个问题中，可以根据已经拼好的形状来定义状态，由于是从左往右拼的，所以可以把状态定义成"拼好长度为 i 的部分"，用一个数组 $f[i]$ 就可以记录"拼好长度为 i 的部分的方案数"。

每一个 f_i 该怎么计算呢? 首先考虑最简单的情况 : $i = 0$ 与 $i = 1$，这是两个初始状态, $f_0 = f_1 = 1$，如图5.2所示。

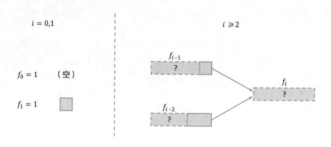

图5.2　初始状态与状态转移

至于后续的状态，则需要通过状态之间的转移来计算。当 $i \geqslant 2$ 时，要拼好长度为 i 的部分，考虑最后一块的形状，如果最后一块的形状是 1×1，那么就要先拼好长度为 $i-1$ 的部分 ; 如果最后一块的形状是 1×2，那么就要先拼好长度为 $i-2$ 的部分，所以有

$$f_i = \begin{cases} 1, & i = 0,1 \\ f_{i-1} + f_{i-2}, & i \geqslant 2 \end{cases}$$

所有状态之间的转移过程如图5.3所示。

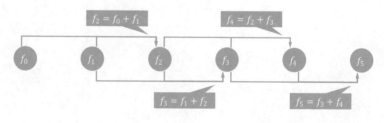

图5.3　所有状态之间的转移过程

脱离这个样例，可以得到一个更一般的公式：

$$f_L = \sum_{l_i \leqslant L} f_{L-l_i}$$

这个方程被称为状态转移方程，是动态规划的核心所在。利用这个方程，可以实现一个时间复杂度为 $O(nL)$ 的算法。具体实现代码如下。

```cpp
#include <bits/stdc++.h>
using namespace std;

//拼图碎片的种类数、要拼出形状的长度
int n, L;
//每种拼图碎片的长度
int l[1005];
//拼好长度为 i 的部分的方案数
long long f[1005];
//1000000007
const long long mod = 1e9 + 7;

int main() {
    //输入
    cin >> n >> L;
    for (int i = 0; i < n; i++) {
        cin >> l[i];
    }
    //求解
    f[0] = 1;
    for (int i = 1; i <= L; i++) {
        //枚举最后一块拼图碎片，利用前面状态的计算结果进行计算
        for (int j = 0; j < n; j++) {
            if (i - l[j] >= 0) {
                f[i] = (f[i] + f[i - l[j]]) % mod;
            }
        }
    }
    //输出
    cout << f[L] << endl;
    return 0;
}
```

至此，问题得以解决。动态规划这个词虽然看起来很高端，但实际的代码却是非常精简的。

是不是通过样例得到的公式有点眼熟，这不就是斐波那契数列吗？在第 4 章

提到过可以用记忆化搜索的方式计算斐波那契数列，那么记忆化搜索也可以解决这个问题。具体代码如下。

```cpp
#include <bits/stdc++.h>
using namespace std;

//拼图碎片的种类数、要拼出形状的长度
int n, L;
//每种拼图碎片的长度
int l[1005];
//拼好长度为 i 的部分的方案数
long long f[1005];
//1000000007
const long long mod = 1e9 + 7;
//用记忆化搜索计算f[i]
long long calculate_f(int i) {
    //如果已经计算过，直接返回答案
    if (f[i] != -1)return f[i];
    else {
        f[i] = 0;
        //枚举最后一块拼图碎片，利用前面状态的计算结果进行计算
        for (int j = 0; j < n; j++) {
            if (i - l[j] >= 0) {
                f[i] = (f[i] + calculate_f(i - l[j])) % mod;
            }
        }
        return f[i];
    }
}

int main() {
    //输入
    cin >> n >> L;
    for (int i = 0; i < n; i++) {
        cin >> l[i];
    }
    //初始化，-1表示还未计算过
    f[0] = 1;
    for (int i = 1; i <= L; i++)f[i] = -1;
    //求解并输出
    cout << calculate_f(L) << endl;
    return 0;
}
```

这是动态规划的两种实现方式，不妨把前一种实现方式称为非递归形式，后一种实现方式称为递归形式。这两种实现方式各有千秋，虽然时间复杂度相同，但非递归形式往往略快一点；在这个问题中，递归形式显得有些画蛇添足，但对于一些难以确定状态计算先后顺序的问题，递归形式更容易用代码实现。

5.1.2 物流仓库——状态的转移

通过前面的例子，已初识了动态规划，动态规划的一般步骤总结如下。

（1）定义状态。

（2）确定状态间的转移关系。

（3）构造状态转移方程。

（4）完成代码。

其中第2步有时会比较困难，接下来这个例子将帮助你学会厘清状态间的转移关系。

随着小算的物流公司发展壮大，接到的货物运输订单越来越多，小算新建了一座物流仓库用来临时存放货物。为了节省仓库空间，小算希望把货物堆得高高的，不过货物的形状各不相同，通常把体积大的货物堆放在下层才能保持稳定。已知有 n 件货物，某些货物可以上下堆放，这些货物要满足以下条件。

（1）如果货物B可以堆放在货物A上方，那么货物A不能堆放在货物B上方。

（2）如果货物B可以堆放在货物A上方，同时货物C可以堆放在货物B上方，那么货物C可以堆放在货物A上方。

可堆放货物需满足的条件，如图5.4所示。

图5.4 货物满足的条件

现在请你帮助小算计算这些货物可以堆放多高?

输入格式：

第1行是一个整数 n，表示货物的个数，货物的编号分别为 $0,1,...,n-1$；第2

行是一个整数 m，表示已知可以堆放的货物关系数；接下来的 m 行，每行都有两个整数 a_i 和 b_i，表示货物 a_i 可以堆放在货物 b_i 上方。

输出格式：

输出一个整数，表示最多可以堆放的货物数量。

数据范围：

$1 \leqslant n, m \leqslant 10^5$ ；

$0 \leqslant a_i, b_i < n$ 且保证满足题目中给出的条件。

样例输入：

5

6

2 1

1 4

3 4

0 2

2 4

0 3

样例输出：

4

首先要定义状态，总共有 n 个货物，用 h_i 表示货物 i 放在最上方时最多可以堆放的货物数量，那么要求的答案就是所有 f_i 的最大值，如图5.5所示。

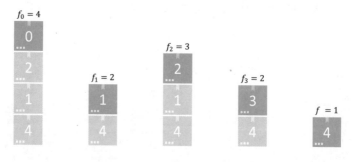

图5.5　状态的定义

接下来要考虑状态间的转移关系，如图5.6所示。题目中给出了 m 个关系，恰好就是状态间的转移关系，如果货物 v 可以堆放在货物 u 的上方，那么 f_u+1 就是 f_v 可能的取值，货物 v 下方堆放的货物显然越多越好，自然可以得到状态转移方程为

$$f_v = 1 + \max_{u \to v} f_u$$

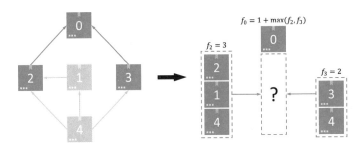

图5.6 状态的转移

最后一步，用代码实现这个算法。注意，当计算f_v时，必须保证对每个可以堆放在货物v下方的货物u，f_u都已计算完毕。要保证这样的计算顺序，用记忆化搜索可以轻松地实现。代码如下。

```
#include <bits/stdc++.h>
using namespace std;

//货物数量、关系数量
int n, m;
//pre[v]存储所有可以堆放在货物v下方的货物
vector<int> pre[100005];
//h[v]表示货物v放在最上方时最多可以堆放的货物数量
int h[100005];

int max_height(int v) {
    if (h[v] != 0)return h[v];
    else {
        for (auto u : pre[v]) {
            h[v] = max(h[v], max_height(u));
        }
        h[v]++;
        return h[v];
    }
}

int main() {
    //输入
    cin >> n >> m;
```

```
for (int i = 0; i < m; i++) {
    int a, b;
    cin >> a >> b;
    pre[a].push_back(b);
}
//求解
int ans = 0;
for (int i = 0; i < n; i++) {
    ans = max(ans, max_height(i));
}
//输出
cout << ans << endl;
return 0;
}
```

如果用抽象的眼光看待这个问题，则该问题的本质是在一个有向图中找到最长的一条链，由于题目中的条件限制，该图不仅仅是一个有向图，还是一个有向无环图（Directed Acyclic Graph），正因如此，才能顺利地用记忆化搜索遍历所有状态。

在动态规划问题中，所有的状态转移关系构成一个有向无环图，如果状态间的转移关系出现了环，那么就无法使用动态规划来解决了。

前面提到，动态规划通常有两种实现方式——递归形式和非递归形式，记忆化搜索就是递归形式，非递归形式也可以解决这个问题，只不过需要在计算前将所有状态进行排序，保证在计算每一个货物时，所有可以堆放在其下方的货物都已计算完毕。下面介绍如何进行排序。

开始时，货物4下方不能堆放任何货物，没有任何边指向货物4，于是直接得到 $f_4 = 1$，如图5.7所示。

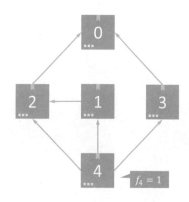

图5.7　初始状态

计算完 f_4 后，把货物4从图5.7中删除，那么就没有任何边指向货物1和货物3了，换句话说，货物1和货物3下方可以堆放的货物都已计算完了，这时就可以计算 f_1 和 f_3 了，如图5.8所示。

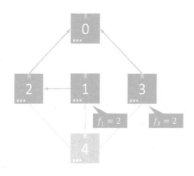

图5.8　后续状态1

或许你已经发现规律了，没有任何边指向的状态，恰是接下来可以计算的状态，每次把这样的状态找出来，计算完毕后将其在图中删除，重复这个过程，就可以得到符合条件的计算顺序，如图5.9所示。

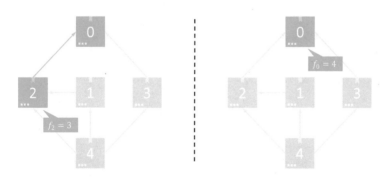

图5.9　后续状态2

这样的排序过程被称为拓扑排序（Topological Sorting），任何一个有向无环图都存在符合条件的拓扑排序结果，但拓扑排序的结果不唯一。为了使读者更容易理解拓扑排序的过程，可在代码中把拓扑排序作为一个独立的过程来实现。

```
#include <bits/stdc++.h>
using namespace std;

//货物数量、关系数量
```

```
int n, m;
//pre[v]存储所有可以堆放在货物v下方的货物
vector<int> pre[100005];
//nex[v]存储所有可以堆放在货物v上方的货物
vector<int> nex[100005];
//h[v]表示货物v放在最上方时最多可以堆放的货物数量
int h[100005];

//拓扑排序
vector<int> TopologicalSort() {
    //in_deg[v]记录了当前状态v之前还有多少状态未计算
    vector<int> in_deg(n, 0);
    for (int u = 0; u < n; u++) {
        for (auto v : nex[u])in_deg[v]++;
    }
    //node存储了所有可以计算但还未计算的状态
    vector<int> node;
    for (int u = 0; u < n; u++) {
        if (in_deg[u] == 0)node.push_back(u);
    }
    //permutation存储拓扑排序的结果
    vector<int> permutation;
    while (node.size() > 0) {
        //从node中取出一个可以直接计算的状态
        int u = node.back();
        node.pop_back();
        //将该状态放入排序结果中
        permutation.push_back(u);
        //将该状态从图中删除，更新相关的in_deg
        for (auto v : nex[u]) {
            in_deg[v]--;
            if (in_deg[v] == 0)node.push_back(v);
        }
    }
    //返回结果
    return permutation;
}

//动态规划
int calculate_max_height(vector<int> permutation) {
    int ans = 0;
    for (auto v : permutation) {
        for (auto u : pre[v]) {
```

```
            h[v] = max(h[v], h[u]);
        }
        h[v]++;
        ans = max(ans, h[v]);
    }
    return ans;
}

int main() {
    //输入
    cin >> n >> m;
    for (int i = 0; i < m; i++) {
        int a, b;
        cin >> a >> b;
        pre[a].push_back(b);
        nex[b].push_back(a);
    }
    //求解
    vector<int> permutation = TopologicalSort();
    int ans = calculate_max_height(permutation);
    //输出
    cout << ans << endl;
    return 0;
}
```

现在，得到了一个重要的结论：动态规划问题中的状态转移关系构成有向无环图，计算时需要按照有向无环图的拓扑排序结果进行。在大多数情况下，动态规划问题的状态转移关系比较简单，用非递归形式实现较为容易；如果难以厘清状态间的转移关系，可以使用递归形式来实现。

此外，有向无环图的结构在很多领域都有应用，例如，深度学习中非常受欢迎的神经网络模型，其本质就是神经元构成的有向无环图，神经网络模型的计算顺序也是按照拓扑排序顺序完成的，如图5.10所示。

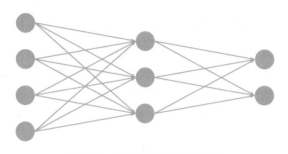

图5.10　神经网络模型的计算图

5.2 状态的巧妙定义

要想用动态规划解决问题，就需要用状态间的转移关系构造有向无环图，这个图的结构与状态的定义相关。在同一个问题中，有时可能有多种定义状态的方式，不同的状态定义产生了不同的转移关系，也就产生了截然不同的算法。因此，在状态的定义中有很多门道值得探究。

5.2.1 股票投资计划——不同的状态和转移

在前面的"穷举算法与贪心算法"中，用贪心算法解决了简化股票投资计划问题，现在，把问题变得复杂一点。小算想要在股票市场上多赚一些钱，所以不会局限于只进行一次买卖，另一方面，众所周知，过于频繁的买卖操作难以获得稳定的收益，所以，小算想要计算当交易次数（买入次数加卖出次数）不超过 q 时，能够获得的最大收益是多少，如图 5.11 所示。

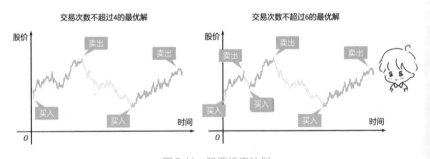

图 5.11　股票投资计划

具体来说，已知连续 n 天的股票价格序列 $p_0, p_1, \ldots, p_{n-1}$，开始小算只有 1 元，假设在第 i 天小算手里有 x 元，如果进行买入操作，小算就会获得 $\dfrac{x}{p_i}$ 个单位的股票；假设在第 i 天小算手里有 y 个单位的股票，如果进行卖出操作，小算就会获得 yp_i 元。买入股票的当天不能卖出，卖出股票的当天不能买入。最后一天结束时，小算手中的资金就是投资的收益，没有卖出的股票不算作收益。

深入浅出算法竞赛（图解版）

输入格式：

第1行是两个整数 n, q，表示股票交易日的天数和最大交易次数；第2行是 n 个整数 $p_0, p_1, \ldots, p_{n-1}$，表示每天的股票价格。

输出格式：

输出一个实数，表示小算以1元作为本金，在交易次数不超过 q 的前提下，可以获得的最大收益，结果保留小数点后三位。

数据范围：

$1 \leqslant n, q \leqslant 2000$；

$1 \leqslant p_0, p_1, \ldots, p_{n-1} \leqslant 100$。

样例输入：

6 4

1 2 3 2 1 2

样例输出：

6.000

与前面的例题类似，同样是在序列上进行决策，如果继续用类似的状态定义，用 m_i 表示从第 i 天开始可以获得的最大收益，或者表示到第 i 天为止可以获得的最大收益，那么就无法保证满足交易次数的限制。为了保证买卖策略满足交易次数的限制，需要在状态的定义中考虑交易次数，如何实现呢？可以拆分状态。

为了表述方便，把价格序列 $p_0, p_1, \ldots, p_{n-1}$ 的下标修改为从1开始，也就是 $p_1, p_2, \ldots, p_n$。

第 i 天只有一个状态是不够的，可以将它拆分成多个状态，用 $m(i, j)$ 表示直到第 i 天为止恰好进行了 j 次交易能够获得的最大收益，如图5.12所示。

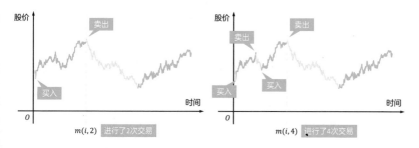

图5.12 状态的定义

n 个状态被拆分为了 $n \times (q+1)$ 个状态，另外，为了计算方便，添加初始状态 $m(0,0), m(0,1), \ldots, m(0,q)$，表示还未进行任何交易时小算手中的资金。公式为

$$m(0, j) = \begin{cases} 1, & \text{if} \quad j = 0 \\ 0, & \text{if} \quad j > 0 \end{cases}$$

这些状态之间的转移关系取决于交易如何进行，考虑利用第k天的状态计算第i天的状态$m(i, j)$，由于定义的状态$m(k, j)$是指第k天结束时获得的最大收益，所以只能在第$k+1$天进行交易。

（1）如果从第$k+1$天到第$i(i>k)$天，没有进行任何交易，那么第k天结束时的收益会原封不动地保留到第i天。

（2）如果在第$k+1$天买入，并在第$i(i>k+1)$天卖出，那么进行这两次交易后的收益是 $\dfrac{p_i}{p_{k+1}} m(k, j-2)$ 。

（3）如果这期间发生了多次买卖，例如，在第$k+1$天买入，在第$k+2$天卖出，那么就需要利用第$k+2$天的状态计算$m(i, j)$，而不是利用第k天的状态计算$m(i, j)$。

因此，$m(i, j)$就是这些方案中可以获得的最大收益，状态的转移关系如图5.13所示。

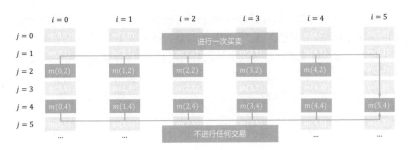

图5.13　状态的转移

用数学公式表达，得到状态转移方程为

$$m(i, j) = \max\left(\max_{k<i}(m(k, j)), \max_{k+1<i}\left(\frac{p_i}{p_{k+1}} m(k, j-2) \right) \right)$$

现在可以完成代码了，用三层 for 循环就可以实现。

```
#include <bits/stdc++.h>
using namespace std;

//股票交易日的天数、最大交易次数
int n, q;
//每天的股票价格
double p[2005];
```

```cpp
//m[i][j] 表示直到第 i 天为止恰好进行了 j 次交易能够获得的最大收益
double m[2005][2005];

double max_profit() {
    //最开始只有1.00元
    m[0][0] = 1;
    for (int i = 1; i <= n; i++) {
        for (int j = 0; j <= q; j++) {
            for (int k = 0; k < i; k++) {
                //m[k][j]->m[i][j] 从第k+1天开始到第i天为止不进行任何交易
                double profit = m[k][j];
                if (profit > m[i][j])m[i][j] = profit;
                //m[k][j-2]->m[i][j] 在第k+1天买入，在第i天卖出
                if (j - 2 >= 0 and k + 1 != i) {
                    profit = m[k][j - 2] / p[k + 1] * p[i];
                    if (profit > m[i][j])m[i][j] = profit;
                }
            }
        }
    }
    //计算最终答案
    double ans = 0;
    for (int j = 0; j <= q; j++)ans = max(ans, m[n][j]);
    return ans;
}

int main() {
    //输入
    cin >> n >> q;
    for (int i = 1; i <= n; i++) {
        cin >> p[i];
    }
    //求解并按照指定格式输出
    cout << fixed << setprecision(3) << max_profit() << endl;
    return 0;
}
```

不过需要注意，用三层for循环时，时间复杂度达到了 $O(n^2q)$，但这里需要更低的时间复杂度，怎么办呢？答案就是继续拆分状态。

目前的思路是把一次买卖当作一次状态转移，由于要枚举买卖的时间间隔，才导致了这么高的时间复杂度。现在把每一个状态再次一分为二。

• $m(i, j)$（Money）：表示直到第 i 天为止恰好进行了 j 次交易能够获得的最大收益。
• $s(i, j)$（Stock）：表示直到第 i 天为止恰好进行了 j 次交易能够获得的最多股票。

利用新的状态$s(i, j)$，可以用新的链式转移关系替代原来的转移关系，如图5.14所示。

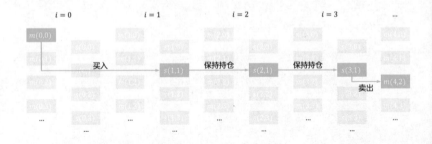

图5.14 改进的状态定义

这样一来，只需要用前一天的状态就可以计算当天的状态，状态转移关系如图5.15所示。

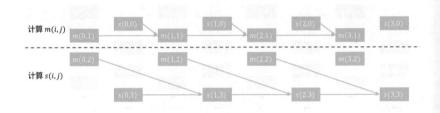

图5.15 改进的状态转移关系

如此新的状态转移方程也随之产生，如

$$m(i, j) = \max(m(i-1, j), s(i-1, j-1) p_i)$$

$$s(i, j) = \max\left(s(i-1, j), \frac{m(i-1, j-1)}{p_i} \right)$$

而时间复杂度降低到了$O(nq)$，问题完美解决。具体实现公式如下。

```
#include <bits/stdc++.h>
using namespace std;

// 股票交易日的天数、最大交易次数
int n, q;
// 每天的股票价格
double p[2005];
```

```
//m[i][j]表示直到第i天为止恰好进行了j次交易能够获得的最大收益
double m[2005][2005];
//s[i][j]表示直到第i天为止恰好进行了j次交易能够获得的最多股票
double s[2005][2005];

double max_profit() {
    //最开始只有1.00元
    m[0][0] = 1;
    for (int i = 1; i <= n; i++) {
        for (int j = 0; j <= q; j++) {
            double profit;
            //s[i-1][j]->s[i][j] 第i天不买不卖
            profit = s[i - 1][j];
            if (profit > s[i][j])s[i][j] = profit;
            //s[i-1][j-1]->m[i][j] 第i天卖出
            if (j - 1 >= 0) {
                profit = s[i - 1][j - 1] * p[i];
                if (profit > m[i][j])m[i][j] = profit;
            }
            //m[i-1][j-1]->s[i][j] 第i天买入
            if (j - 1 >= 0) {
                profit = m[i - 1][j - 1] / p[i];
                if (profit > s[i][j])s[i][j] = profit;
            }
            //m[i-1][j]->m[i][j] 第i天不买不卖
            profit = m[i - 1][j];
            if (profit > m[i][j])m[i][j] = profit;
        }
    }
    //计算最终答案
    double ans = 0;
    for (int j = 0; j <= q; j++)ans = max(ans, m[n][j]);
    return ans;
}

int main() {
    //输入
    cin >> n >> q;
    for (int i = 1; i <= n; i++) {
        cin >> p[i];
    }
    //求解并按照指定格式输出
    cout << fixed << setprecision(3) << max_profit() << endl;
    return 0;
}
```

正如该例题体现出来的，动态规划问题中状态的定义是很关键的，不同的状态定义产生不同的转移关系，把状态定义好才能实现高效的算法。

另外，条条大路通罗马，在这个例题中状态的定义方式还有很多，例如，用 $m(i, j)$ 表示从第 i 天开始直到最后一天结束以 1.00 元人民币为本金恰好进行 j 次交易可以获得的最大收益，$s(i, j)$ 也是类似，这种状态定义方式也可以解决这个问题，具体细节留给读者自己思考。

5.2.2　流浪猫的家——状态压缩与状态剪枝

小算和他的朋友们收养了一群流浪猫，打算把这群可爱的小猫们安置在后院里。后院可以被认为是一片 $n \times n$ 的网格，每个格子可以安置一只小猫。小猫们有很强的领地意识，它们不希望其他的小猫出现在自己附近，所以每个小猫的安置地不能相邻。另外，由于后院中有些杂物，所以有些格子不能安置小猫，如图 5.16 所示。

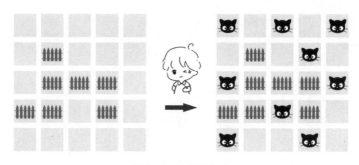

图 5.16　流浪猫的家

那么问题是，后院里最多可以安置多少只小猫呢。

输入格式：

第 1 行是一个整数 n，表示后院的边长；接下来的 n 行，每行都有 n 个用空格隔开的字符，第 i 行第 j 列的字符表示对应的网格，"."表示该位置可以安置一只小猫，"#"表示该位置有杂物，不能安置小猫。

输出格式：

输出能够容纳最多小猫的安置方案，包含 n 行，每行有 n 个用空格隔开的字符，格式与输入格式类似，安置小猫的网格用"c"表示，没有安置小猫的网格用"."表示，杂物网格用"#"表示。如果有多种方案都能容纳最多小猫，输出任意一种方案即可。

数据范围：

$1 \leqslant n \leqslant 15$。

样例输入：

5

.....

.#...

.###.

##.#.

.....

样例输出：

c.c.c

.#.c.

c###c

##c#.

c..c.

在"股票投资计划问题"中，每天有"持有股票"和"持有本金"两种情况，所以选择拆分状态，而在这个问题中，每个网格有"安置小猫"和"不安置小猫"两种情况。用类似的思路，为每个网格定义两种状态。

（1）$c(i, j)$（cat）：在第 i 行第 j 列安置一只小猫的前提下，从左上角到第 i 行第 j 列的矩形区域内能够容纳小猫的最多数量。

（2）$e(i, j)$（empty）：第 i 行第 j 列不安置小猫的前提下，从左上角到第 i 行第 j 列的矩形区域内能够容纳小猫的最多数量。

如果要计算 $c(i, j)$，如图 5.17 所示，暂时不考虑杂物网格的影响，需要考虑两部分。

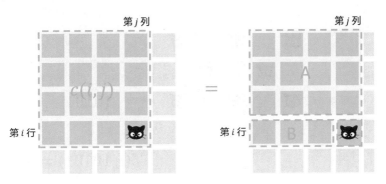

图 5.17 $c(i, j)$ 的计算

首先要让左上方的A部分容纳尽可能多的小猫，这部分恰好对应状态$e(i, j)$；然后要保证左侧B部分容纳尽可能多的小猫，这也能够解决，所以$c(i, j)$等于1+两部分能够容纳小猫的最多数量。

这个思路看起来很完美，但它是完全错误的。因为把A和B两部分独立考虑，不能保证A部分和B部分相邻的部分没有小猫相邻，这是构造动态规划算法时常遇到的难题，如图5.18所示。

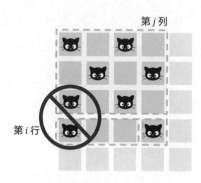

图5.18　这种计算方式不能保证A与B相邻部分没有小猫相邻

所以说，从状态的定义开始，就已经做错了，拆分状态的技巧并不是可以随意使用的，错误的状态定义会直接导致错误发生，甚至连合理的状态转移都找不到。

换一种思路，把状态合并起来，不再逐个网格考虑，而是整行放在一起考虑。一行有n个网格，把它们压缩到一起，总共有2^n种情况，每一种情况按照二进制方式处理可以编码为一个$[0, 2^n)$范围内的整数（与第4章"井字棋"问题中的编码方式相同），下面定义新的状态。

$f(i, s)$：第i行采用安置方式s时，前i行可以容纳的最多小猫数量，如图5.19所示。

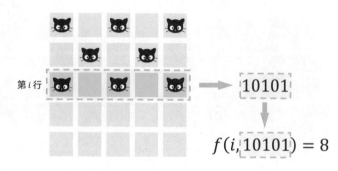

图5.19　状态的定义

可知共有$n\times 2^n$个状态，每一行的2^n个状态根据前一行的2^n个状态计算，也就是说，行与行之间有$2^n\times 2^n$个转移关系，所有的状态之间就有$n\times 2^n\times 2^n$个转移关系，n最大能够达到15，那么$n\times 2^n\times 2^n$就达到了16106127360，将导致时间复杂度"爆炸"。

但是，结果并没有那么糟糕，以上分析得到的结果只是时间复杂度的一个上限，实际并没有那么大。首先，每一行合理的安置方式并没有2^n那么多。以$n=4$为例，看似有16种安置方式，去掉所有存在小猫相邻的安置方式，实际只有8种合理的安置方式。所有合理的安置方式构成集合S，那么状态总数只有$n\times|S|$，如图5.20所示。

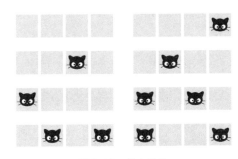

图5.20　状态总数

然后再考虑行与行之间的转移关系，由于小猫们不能相邻，所以并非任何两种安置方式都可以放在相邻的两行中。对于每一个安置方式s，可以预先计算出所有可以与它相邻的安置方式集合，有

$$T(s) = \{t \mid t \in S, s \& t = 0\}$$

这个公式中的"&"符号表示位运算"按位与"，它会一一比较两个二进制数的每一位，如果对应位置上都为1，该位置计算结果也为1，否则为0。利用这种运算符，就不用把整数分解成二进制形式，而是可以直接快速判断两种安置方式相邻时有没有小猫相邻，如图5.21所示。

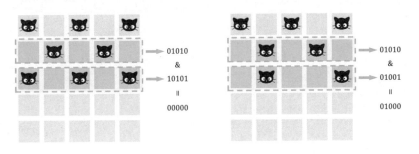

图5.21　用位运算快速判断有没有小猫相邻

"按位与"运算符还可以用来判断安置方式是否与杂物网格冲突，如图5.22所示。

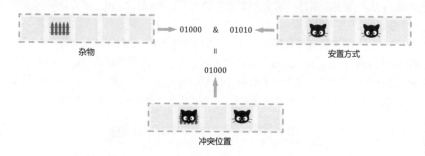

图5.22　用位运算快速判断小猫与杂物网格是否冲突

在继续分析前，要先尝试计算出最多有多少次状态转移，实现代码如下。

```cpp
#include <bits/stdc++.h>
using namespace std;

//网格边长
int n;
//不考虑杂物网格时所有合理的安置方式
vector<int> S;
//对于每种安置方式可以进行转移的安置方式集合
vector<int> T[1 << 15];

//判断这一行是否有小猫相邻
bool check(int state) {
    while(state > 0) {
        if(state & 3 == 3) {
            return false;
        }
        state >>= 1;
    }
    return true;
}
//计算得到所有无小猫相邻的状态
void calculate_S() {
    for (int i = 0; i < (1 << n); i++) {
        if (check(i))S.push_back(i);
    }
}
```

```
//计算对于每种安置方式可以进行转移的安置方式集合
void calculate_T() {
    for (auto s : S) {
        for (auto t : S) {
            if ((s & t) == 0)T[s].push_back(t);
        }
    }
}

int main() {
    //输入
    cin >> n;
    //计算得到所有无小猫相邻的状态
    calculate_S();
    //计算对于每种安置方式可以进行转移的安置方式集合
    calculate_T();
    //输出所有状态转移的次数
    int num = 0;
    for (auto s : S)num += T[s].size();
    cout << num*n << endl;
    return 0;
}
```

以 n=15 为例，状态转移的次数最多只有 9987855，这个算法完全可行。

另外，每一种安置方式包含的小猫数量 $N(s)$ 也可以预先计算出来，$N(s)$ 就是整数 s 用二进制表示的数据。

状态转移方程已产生，如果安置方式 s 与第 i 行的杂物网格不冲突，那么有

$$f(i,s) = \max_{t \in T(s)} (f(i-1,t) + N(s))$$

否则 $f(i,s)=0$。

至于如何输出最优安置方式，在计算 $f(i,s)$ 的过程中，顺便把使 $f(i,s)$ 最大的 t 记录下来，就可以记录每行每种安置方式前一行应该采取什么样的安置方式了。动态规划结束后，用倒序的方式就可以得到所有网格的最优安置方式。实现代码如下。

```
#include <bits/stdc++.h>
using namespace std;

//网格边长
int n;
//网格的杂物情况
int block[15][15];
```

```
//f[i][s]表示第i行采用安置方式s时，前i行可以容纳小猫的最多数量
int f[15][1 << 15];
//p[i][s]表示使f[i][s]取得最大值的前一行安置方式
int p[15][1 << 15];
//每一种安置方式容纳的小猫数量
int N[1 << 15];
//不考虑杂物网格时所有合理的安置方式
vector<int> S;
//对于每种安置方式可以进行转移的安置方式集合
vector<int> T[1 << 15];

//判断这一行是否有小猫相邻
bool check(int state) {
    int last = -2;
    for (int i = 0; i < n; i++) {
        if (state & 1) {
            if (i - last < 2)return false;
            last = i;
        }
        state >>= 1;
    }
    return true;
}
//计算得到所有无小猫相邻的状态
void calculate_S() {
    for (int i = 0; i < (1 << n); i++) {
        if (check(i))S.push_back(i);
    }
}
//计算每种安置方式包含的小猫数量（二进制中1的个数）
void calculate_N() {
    for (auto s : S) {
        N[s] = __builtin_popcount(s);
    }
}
//计算对于每种安置方式可以进行转移的安置方式集合
void calculate_T() {
    for (auto s : S) {
        for (auto t : S) {
            if ((s & t) == 0)T[s].push_back(t);
        }
    }
}
```

```
//动态规划
void dp() {
    for (int i = 0; i < n; i++) {
        //将本行的杂物编码为一个整数，注意顺序
        int b = 0;
        for (int j = n - 1; j >= 0; j--) {
            b = b * 2 + block[i][j];
        }
        if (i == 0) {
            //第1行单独考虑
            for (auto s : S) {
                if ((s & b) == 0)f[i][s] = N[s];
            }
        } else {
            //从第2行开始，每一行根据上一行的状态进行转移
            for (auto s : S) {
                if ((s & b) != 0)continue; //本行该安置方式与杂物网格冲突
                for (auto t : T[s]) {
                    if (f[i - 1][t] + N[s] > f[i][s]) {
                        f[i][s] = f[i - 1][t] + N[s];
                        p[i][s] = t;
                    }
                }
            }
        }
    }
}
//输出
void output() {
    //计算最后一行的最优安置方式
    int state = 0;
    for (auto s : S) {
        if (f[n - 1][s] > f[n - 1][state])state = s;
    }
    //倒序计算每一行的最优安置方式
    for (int i = n - 1; i >= 0; i--) {
        //将本行的安置方式填充到block数组中，用2表示小猫
        int temp = state;
        for (int j = 0; j < n; j++) {
            if (temp & 1)block[i][j] = 2;
            temp >>= 1;
        }
        state = p[i][state];
```

```
    }
    //输出结果
    for (int i = 0; i < n; i++) {
        for (int j = 0; j < n; j++) {
            //block数组中，0表示没有安置小猫，1表示杂物，2表示安置了小猫
            cout << ".#c"[block[i][j]] << " \n"[j == n - 1];
        }
    }
}


int main() {
    //输入
    cin >> n;
    for (int i = 0; i < n; i++) {
        for (int j = 0; j < n; j++) {
            string temp;
            cin >> temp;
            //block数组中，0表示可以安置小猫，1表示有杂物不能安置小猫
            if (temp == "#")block[i][j] = 1;
        }
    }
    //计算得到所有无小猫相邻的状态
    calculate_S();
    //计算每种安置方式包含的小猫数量（二进制中1的个数）
    calculate_N();
    //计算对于每种安置方式可以进行转移的安置方式集合
    calculate_T();
    //动态规划
    dp();
    //输出
    output();
    return 0;
}
```

在这个问题中，用了两个关键思路。

（1）状态压缩：把一行的状态压缩成一个整数，便于用位运算来加速计算。

（2）状态剪枝：去除所有不合理的状态（和转移方式），提升算法效率。

有时，分析算法的时间复杂度只能得到一个上限，若真的能做出剪枝优化，就能像该问题一样，实现效率远高于预期的算法。

5.3 转移方式的神奇优化

　　高效的动态规划算法，不仅需要合理的状态定义，还需要简洁高效的转移方式，接下来用两个例子来展示如何在状态的转移过程中做出优化。

5.3.1 运输计划——在转移中剪枝

　　一方有难，八方支援。某地突发自然灾害，小算的物流公司要勇于承担起社会责任，尽快将救灾物资运往灾区。

　　已知总共有 n 种救援物资，每种救援物资分别有 $m_0,m_1,\ldots,m_{n-1}$ 箱，每种救援物资每箱的重量分别是 $w_0,w_1,\ldots,w_{n-1}$，每种救援物资每箱的价值分别是 $v_0,v_1,\ldots,v_{n-1}$。小算的物流公司运输能力有限，目前只能将总重量不超过 W 的物资运往灾区，小算希望最大限度发挥公司的运输能力，在不超重的前提下将总价值尽可能大的物资运往灾区，请帮助小算制定运输计划，如图5.23所示。

图5.23　运输计划

输入格式：

　　第1行是两个整数 n,W，表示救援物资的种类数和可以运输的最大重量；接下来的 n 行，每行三个整数 m_i,w_i,v_i 分别表示第 i 种物资的箱数、每箱重量和每箱价值。

输出格式：

输出一个整数，表示在不超重的前提下可以运输物资的最大价值。

数据范围：

$1 \leqslant n \leqslant 100$；

$1 \leqslant W \leqslant 10000$；

$1 \leqslant m_i,w_i,v_i \leqslant 1000$。

样例输入：

3 7

3 2 2

2 3 4

2 1 2

样例输出：

10

为了表述方便，再次把下标修改为从1开始。

直接解决这个问题可能有点复杂，可以先简化，假设每一种物资都只有一箱，总共有 n 箱物资，现在要做的就是在这 n 箱物资中挑选几箱运往灾区。

第1步，定义状态。决策的关键因素是物资种类和重量，用 $f(i, j)$ 表示只考虑前 i 箱物资时，载重为 j 时能够运输的最大物资价值，如图5.24所示。

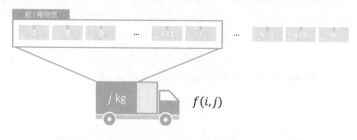

图 5.24　状态的定义

第2步，确定转移关系。计算 $f(i, j)$ 时，需要考虑第 i 箱物资，如果不运输第 i 箱物资，那么此时只能在前 $i-1$ 件物资中挑选，能够运输的最大物资价值就是 $f(i-1, j)$；如果运输第 i 件物资，那么除了第 i 件物资以外，还能够运输重量为 $j-w_i$ 的物资，这部分的价值最大是 $f(i-1, j-w_i)$。所以，$f(i, j)$ 只需要利用 $f(i-1, j)$ 和 $f(i-1, j-w_i)$ 两个状态就可以计算，如图5.25所示。

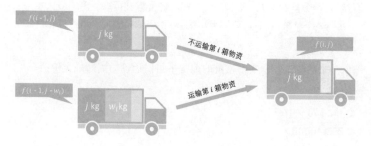

图 5.25　状态的转移

第3步，构造状态转移方程。有了第2步的分析，这步非常简单。公式为

$$f(i, j) = \max(f(i-1, j), f(i-1, j-w_i) + v_i)$$

第4步，完成代码。

```cpp
#include <bits/stdc++.h>
using namespace std;

//物资的箱数、可以运输的最大重量
int n, W;
//每箱物资的重量和价值
int w[10005], v[10005];
//f[i][j]表示只考虑前i箱物资，载重为j时可以运输的最大物资价值
int f[105][10005];

int max_value() {
    //依次考虑第i箱物资
    for (int i = 1; i <= n; i++) {
        //依次考虑每个可能的载重量
        for (int j = 0; j <= W; j++) {
            f[i][j] = f[i - 1][j];
            if (j >= w[i])f[i][j] = max(f[i][j], f[i - 1][j - w[i]] + v[i]);
        }
    }
    //计算最终的答案
    int ans = 0;
    for (int j = 0; j <= W; j++)ans = max(ans, f[n][j]);
    return ans;
}

int main() {
    //输入
    cin >> n >> W;
    for (int i = 1; i <= n; i++) {
        int m;
        cin >> m >> w[i] >> v[i];
    }
    //求解并输出
    cout << max_value() << endl;
    return 0;
}
```

时间复杂度是 $O(nW)$，但是这段代码解决的是简化版的问题，要解决原版的问题，一个思路是把每箱物资单独考虑，总共 $\sum\limits_{i=1}^{n} m_i$ 箱物资，只需要在输入数据时

进行修改就可以。代码如下。

```cpp
int main() {
    //输入
    int package_num;
    cin >> package_num >> W;
    for (int i = 0; i < package_num; i++) {
        int M, W, V;
        cin >> M >> W >> V;
        for (int j = 0; j < M; j++) {
            n++;
            w[n] = W;
            v[n] = V;
        }
    }
    //求解并输出
    cout << max_value() << endl;
    return 0;
}
```

只不过这样一来，空间和时间复杂度都达到了 $O\left(W\sum_{i=1}^{n}m_i\right)$，两者同时"爆炸"。

先解决空间的问题，因为计算前 i 箱物资的状态时只需用到前 $i-1$ 箱物资的状态，所以没必要把所有的状态都存下来，只存前 i 箱物资的状态，动态地更新，用新的状态覆盖原来的状态，则用一个一维数组即可，如图 5.26 所示。

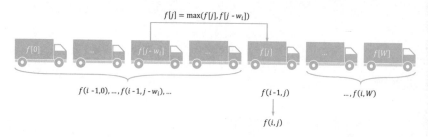

图 5.26　利用滚动计算解决空间问题

注意计算的先后顺序，只能用旧的状态计算新的状态，内层循环的变量 j 要从大到小遍历。代码如下。

```cpp
//f[j]表示载重为j时可以运输的最大物资价值
int f[10005];

int max_value() {
```

```
//依次考虑第i箱物资
for (int i = 1; i <= n; i++) {
    //依次考虑每个可能的载重量
    for (int j = W; j >= w[i]; j--) {
        f[j] = max(f[j], f[j - w[i]] + v[i]);
    }
}
//计算最终的答案
int ans = 0;
for (int j = 0; j <= W; j++)ans = max(ans, f[j]);
return ans;
}
```

接着来解决时间的问题，如果一种物资有 x 箱，那么就需要考虑运输0箱、1箱、…、x 箱，这 $x+1$ 种情况需要计算 $x+1$ 次，这是导致时间复杂度"爆炸"的关键原因。

有没有可能把这些物资打包运输呢？答案是肯定的。以15箱物资为例，利用二进制的原理，把它们打包成4个包裹，分别包含1箱，2箱，4箱，8箱物资，这4包物资就可以组合出 $0,1,...,15$ 中的每一个数字，如图5.27所示。

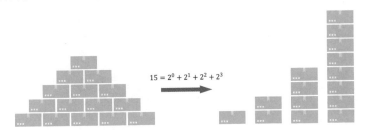

$$15 = 2^0 + 2^1 + 2^2 + 2^3$$

图 5.27　将物品打包

对4包物资进行计算远比对15箱物资进行计算快得多，因为更少的物资数量产生的转移关系更少。对于更一般的情况，把 x 箱物资打包成包含 $2^0, 2^1, 2^2, ...$ 箱的包裹，最后剩下不足 2^n 的部分单独打包，如图5.28所示。

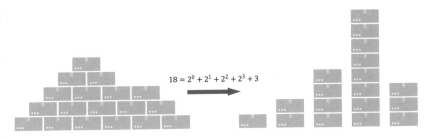

$$18 = 2^0 + 2^1 + 2^2 + 2^3 + 3$$

图 5.28　将物品按照二进制打包

这种方法可以把 x 箱物资打包成约 $1+\log_2 x$ 箱包裹，所有的 n 种物资被打包成 $\sum\limits_{i=1}^{n}(1+\log_2 m_i)$ 个包裹，时间复杂度降低到了 $O\left(W\sum\limits_{i=1}^{n}(1+\log_2 m_i)\right)$。代码如下。

```cpp
#include <bits/stdc++.h>
using namespace std;

//物资的箱数、可以运输的最大重量
int n, W;
//每箱物资的重量和价值
int w[10005], v[10005];
//f[j]表示载重为j时可以运输的最大物资价值
int f[10005];

int max_value() {
    //依次考虑第i箱物资
    for (int i = 1; i <= n; i++) {
        //依次考虑每个可能的载重量
        for (int j = W; j >= w[i]; j--) {
            f[j] = max(f[j], f[j - w[i]] + v[i]);
        }
    }
    //计算最终的答案
    int ans = 0;
    for (int j = 0; j <= W; j++)ans = max(ans, f[j]);
    return ans;
}

int main() {
    //输入并拆分物资
    int package_num;
    cin >> package_num >> W;
    for (int i = 0; i < package_num; i++) {
        int M, W, V;
        cin >> M >> W >> V;
        //以二进制形式拆分物资
        for (int k = 1; k <= M; k *= 2) {
            M -= k;
            n++;
            w[n] = k * W;
            v[n] = k * V;
        }
        //如果还有剩余，单独打包这批物资
```

```
    if (M > 0) {
        n++;
        w[n] = M * W;
        v[n] = M * V;
    }
}
//求解并输出
cout << max_value() << endl;
return 0;
}
```

在这个优化过程中，没有修改状态的定义，也没有修改状态转移方程，而是用更少的转移关系替代了原来海量的转移关系，巧妙地利用二进制的原理在转移中实现了剪枝。

5.3.2　会议安排——在决策中剪枝

小算的物流公司上市了，为了确定公司未来的发展规划，小算作为董事长，决定召开一次会议。包括小算在内的 n 位公司成员参与这次会议，会议室内有一张长长的桌子，所有人依次坐下，如图 5.29 所示。

图 5.29　会议安排

关于公司未来的发展规划，每个人都有自己的想法，如果 n 个人参与会议，那么任何两个人之间都免不了有一场争论，必须等所有人争论完之后会议才能结束。举例说明，如果有 3 个人参会，那么 0 与 1、1 与 2、0 与 2 之间发生三场争论，耗时分别为 $t_{0,1}$、$t_{1,2}$、$t_{0,2}$，整个会议需要 $t_{0,1}+t_{1,2}+t_{0,2}$ 才能结束。

为了节省时间，小算决定让会议分组进行，把 n 个人分成 k 组，每组进行一场会议，依次进行所有的 k 场会议，总共所需要的时间是这 k 场会议所需的时间之和。需要注意的是，只能将连续相邻的几位公司成员分到同一组。

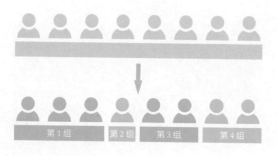

图 5.30　会议分组

请你帮助小算确定分组，尽快结束会议。

输入格式：

第1行是两个整数 n,m，表示参与会议的人数和分组个数；接下来有 n 行，每行 n 个整数，其中第 i 行第 j 列的数值 $t_{i,j}$ 表示成员 i 与成员 j 被分到同一组时争论的时间。

输出格式：

输出一个整数，表示完成整个会议所需的最少时间。

数据范围：

$1 \leqslant n \leqslant 1000$；

$1 \leqslant m \leqslant n$；

$0 \leqslant t_{i,j} \leqslant 9$ 且保证 $t_{i,i}=0$, $t_{i,j}=t_{j,i}$。

样例输入：

8 4

0 0 0 1 1 1 1 1

0 0 0 1 1 1 1 1

0 0 0 1 1 1 1 1

1 1 1 0 1 1 1 1

1 1 1 1 0 1 1 1

1 1 1 1 1 0 2 2

1 1 1 1 1 2 0 2

1 1 1 1 1 2 2 0

样例输出：

3

为了表述方便，每组成员的编号从1开始。

在这个问题中，有两个影响决策的关键因素——分组数和人数，状态就按照分组数和人数定义，用$f(i, j)$表示把前j个人（1,2,...,j）分到前i组中需要的最短会议时间，如图5.31所示。

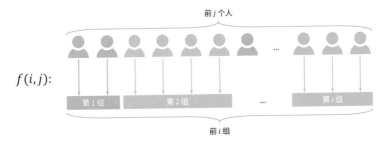

图5.31 状态的定义

至于状态转移，则是遍历第i组的分组情况，利用前$i-1$组的状态计算前i组的状态，例如，当把前k个会议成员分到前$i-1$组中时，把会议成员$k+1,k+2,\cdots,j$分配到第i组，就可以把前j个会议成员分到前i组了，换句话说，从状态$f(i, k)$转移到了状态$f(i, j)$，如图5.32所示。

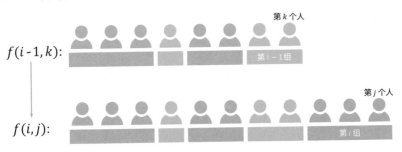

图5.32 状态的转移

也就有了状态转移方程，即

$$f(i, j) = \min_{k=i-1}^{j-1}(f(i-1,k) + T(k+1, j))$$

其中$T(k+1, j)$表示将会议成员$k+1,k+2,...,j$分到第i组进行会议所需的时间，其实就是矩阵$\{u_{i,j}\}$中子矩阵和的一半，如图5.33所示。

为了快速计算$T(k+1, j)$，定义$s_{i,j}$为矩阵$\{u_{i,j}\}$中第i行第j列的元素及其左上方所有元素之和，利用$\{s_{i,j}\}$可以快速巧妙地计算$T(k+1, j)$，如图5.34所示。

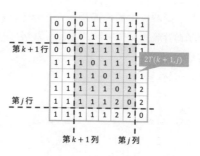

第 $k+1$ 行

$2T(k+1, j)$

第 j 行

第 $k+1$ 列   第 j 列

图 5.33　会议时间的计算 1

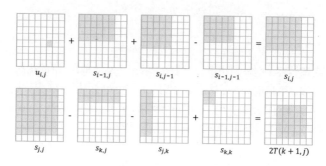

$u_{i,j}$　　$s_{i-1,j}$　　$s_{i,j-1}$　　$s_{i-1,j-1}$　　$s_{i,j}$

$s_{j,j}$　　$s_{k,j}$　　$s_{j,k}$　　$s_{k,k}$　　$2T(k+1, j)$

图 5.34　会议时间的计算 2

至此，已经能够完成一份代码了。

```cpp
#include <bits/stdc++.h>
using namespace std;

//会议人数、分组数
int n, m;
//u[i][j]表示成员i与成员j争论所需的时间
int u[1005][1005];
//u矩阵的前缀和
int s[1005][1005];
//f[i][j]表示把前j个人分到前i组中需要的最短会议时间
int f[1005][1005];

//计算将成员1,1+1,...,r分到同一组进行会议需要的时间
int T(int l, int r) {
    return (s[r][r] - s[l - 1][r] - s[r][l - 1] + s[l - 1][l - 1]) / 2;
}
```

```
//动态规划
void dp() {
    //把f[i][j]初始化为足够大的数据
    int inf = 1e9;
    for (int i = 0; i <= m; i++) {
        for (int j = 0; j <= n; j++) {
            f[i][j] = inf;
        }
    }
    //初始状态，0个人分到0个组开会需要0min
    f[0][0] = 0;
    //在状态转移中计算f[i][j]
    for (int i = 1; i <= m; i++) {
        for (int j = i; j <= n; j++) {
            for (int k = i - 1; k <= j - 1; k++) {
                if (f[i - 1][k] + T(k + 1, j) < f[i][j]) {
                    f[i][j] = f[i - 1][k] + T(k + 1, j);
                }
            }
        }
    }
}

int main() {
    //输入
    cin >> n >> m;
    for (int i = 1; i <= n; i++) {
        for (int j = 1; j <= n; j++) {
            cin >> u[i][j];
        }
    }
    //计算前缀和s
    for (int i = 1; i <= n; i++) {
        for (int j = 1; j <= n; j++) {
            s[i][j] = u[i][j] + s[i - 1][j] + s[i][j - 1] - s[i - 1][j - 1];
        }
    }
    //动态规划
    dp();
    //输出
    cout << f[m][n] << endl;
    return 0;
}
```

不出所料，时间复杂度达到 $O(mn^2)$，"爆炸"了。

观察上面的代码，最核心也是最耗时的部分是 dp() 函数内部的三层 for 循环，最内层的 for 循环是在穷举每一个可能的 k，找到最优的分组方案，这一步的本质是极其"暴力"的穷举算法，下面尝试缩小穷举的范围。

在动态规划的过程中，把每一个状态 $f(i, j)$ 最优的 k 记录下来，记作 $d(i, j)$，如果最优的 k 有多个，只记录最小的那一个，用数学公式表达出来就是

$$d(i,j) = \arg\min_{k=i-1}^{j-1}(f(i-1,k)+T(k+1,j))$$

以样例为例，把所有的 $d(i, j)$ 的值输出，如图 5.35 所示。

	$j=1$	$j=2$	$j=3$	$j=4$	$j=5$	$j=6$	$j=7$	$j=8$
$i=1$	0	0	0	0	0	0	0	0
$i=2$		1	1	3	3	3	3	4
$i=3$			2	3	4	4	4	6
$i=4$				3	4	5	6	6
$i=5$					4	5	6	7
$i=6$						5	6	7
$i=7$							6	7
$i=8$								7

图 5.35　$d(i, j)$ 的值

很明显地从图 5.35 中发现规律，每一行都是单调递增的，每一列也都是单调递增的，即

$$d(i-1, j) \leqslant d(i, j) \leqslant d(i, j+1)$$

这个结论其实不难理解，一组中包含的人数越多，对应的子矩阵范围越大，分组会议花费的时间越多。为了尽快结束所有会议，分组时要尽可能分得均匀一点。所以，当分组个数或人数增加时，最优的划分点有向右移动的趋势。

在穷举每一个 k 时，可以直接把范围从 $[i-1, j-1]$ 缩小到 $[d(i-1, j), d(i, j+1)]$。最内层循环总共需要执行的次数是

$$\sum_{i=1}^{m}\sum_{j=i}^{n}(d(i,j+1)-d(i-1,j)+1) \leqslant mn+n^2$$

通过巧妙地利用不同状态的最优决策之间的关系做优化，算法的时间复杂度降低到了 $O(mn+n^2)$。另外需要注意的是，由于计算 $d(i, j)$ 时需要用到 $d(i-1, j)$ 与 $d(i, j+1)$，所以需要调整计算顺序，第 2 层循环中的 j 要从大到小遍历。代码如下。

```
#include <bits/stdc++.h>
using namespace std;
```

```
//会议人数、分组数
int n, m;
//u[i][j]表示成员i与成员j争论所需的时间
int u[1005][1005];
//u矩阵的前缀和
int s[1005][1005];
//f[i][j]表示把前j个人分到前i组中需要的最短会议时间
int f[1005][1005];
//使f[i][j]取得最优解的k
int d[1005][1005];

//计算将成员1,1+1,...,r分到同一组进行会议需要的时间
int T(int l, int r) {
    return (s[r][r] - s[l - 1][r] - s[r][l - 1] + s[l - 1][l - 1]) / 2;
}
//动态规划
void dp() {
    //把f[i][j]初始化为足够大的数据
    int inf = 1e9;
    for (int i = 0; i <= m; i++) {
        for (int j = 0; j <= n; j++) {
            f[i][j] = inf;
        }
    }
    //初始化d[i][j]的边界
    for (int i = 1; i <= n; i++) {
        d[0][i] = 0, d[i][n + 1] = n;
    }
    //初始状态，0个人分到0个组开会需要0min
    f[0][0] = 0;
    //在状态转移中计算f[i][j]
    for (int i = 1; i <= m; i++) {
        for (int j = n; j >= i; j--) {
            for (int k=max(i-1,d[i-1][j]); k<=min(j-1,d[i][j+1]); k++) {
                if (f[i - 1][k] + T(k + 1, j) < f[i][j]) {
                    f[i][j] = f[i - 1][k] + T(k + 1, j);
                    d[i][j] = k;
                }
            }
        }
    }
}
```

```
int main() {
    //输入
    cin >> n >> m;
    for (int i = 1; i <= n; i++) {
        for (int j = 1; j <= n; j++) {
            cin >> u[i][j];
        }
    }
    //计算前缀和 s
    for (int i = 1; i <= n; i++) {
        for (int j = 1; j <= n; j++) {
            s[i][j] = u[i][j] + s[i - 1][j] + s[i][j - 1] - s[i - 1][j - 1];
        }
    }
    //动态规划
    dp();
    //输出
    cout << f[m][n] << endl;
    return 0;
}
```

5.4　经典的动态规划算法

　　严格地讲，动态规划是一种思想，而非一种算法，把用动态规划思想构造出来的算法统称为动态规划算法，这其中有几个非常经典的例子。

5.4.1　路径规划——用动态规划创造算法

　　小算的物流公司旗下有 n 个物流网点，编号为 $0,1,...,n-1$，这些物流网点之间有若干条道路连接，有些道路是双向通行的，有些道路是单向通行的，小算急需将一批货物从物流网点 s 运输到物流网点 t，需规划出最短运输路径，如图5.36所示。

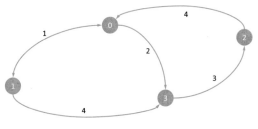

图 5.36 路径规划

输入格式：

第1行是三个整数 n, m_1, m_2，分别表示物流网点的个数、双向通行道路的条数、单向通行道路的条数；第二行是两个整数 s, t，表示运输的起点和终点；接下来 m_1 行，每行三个整数 u, v, w，表示物流网点 u 与 v 之间有一条长度为 w 的双向通行道路；接下来 m_2 行，每行三个整数 u, v, w，表示从物流网点 u 到 v 有一条长度为 w 的单向通行道路。

输出格式：

输出一个整数，表示从物流网点 s 到 t 的最短路径长度。

数据范围：

$2 \leqslant n \leqslant 100$；

$1 \leqslant m_1, m_2, w \leqslant 10000$；

$0 \leqslant s, t, u, v < n$。

输入数据中保证存在从 s 到 t 的路径。

样例输入：

4 1 4

1 2

0 1 1

1 3 4

0 3 2

3 2 3

2 0 4

样例输出：

6

这是经典的最短路径问题，如果你看过其他算法书，那么一定见过几个最短路径算法。接下来要用动态规划的思想重新"创造"最短路径算法。

首先，有三个显然成立但非常有用的结论。

- 所有道路都可以被认为是单向通行的。双向通行的道路可以被认为是两条单向通行的道路，如图 5.37 所示。

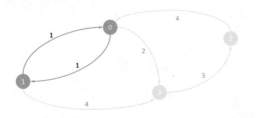

图 5.37　将双向通行的道路转化为单向通行的道路

- 最短路径上不可能绕圈。如果从物流网点 s 到 t 的某一条路径上经过某个位置 u 至少两次，那么这条路径一定不是 s 到 t 的最短路径，如图 5.38 所示。

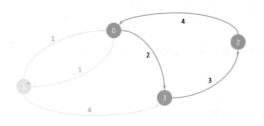

图 5.38　最短路径上不可能绕圈

- 只有最短路径才能构成新的最短路径。如果从物流网点 s 到 t 的最短路径上经过了某个位置 u，那么把这段路径拆分成 $s \rightarrow u$、$u \rightarrow t$ 两部分，这两部分一定是 s 到 u、u 到 t 的最短路径，如图 5.39 所示。

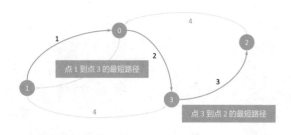

图 5.39　只有最短路径才能构成新的最短路径

按照动态规划的方法可得以下步骤。

第1步，定义状态。$f(i,j,k)$ 表示从物流网点 i 到 j，中间只经过前 k 个点的最短路径长度。最初 $k=0$，如果没有从点 i 到点 j 的道路，那么 $f(i,j,0)=+\infty$（或者一个足够大的数据），否则 $f(i,j,0)$ 就是从点 i 到点 j 的道路中最短的长度，如图5.40所示。

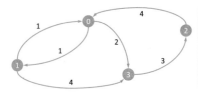

$f(i,j,0)$	$j=0$	$j=1$	$j=2$	$j=3$
$i=0$	0	1	$+\infty$	2
$i=1$	1	0	$+\infty$	4
$i=2$	4	$+\infty$	0	$+\infty$
$i=3$	$+\infty$	$+\infty$	3	0

图5.40　初始状态

第2步，确定转移关系，从只经过前 $k-1$ 个点，到只经过前 k 个点，就是向现有的最短路径中添加第 k 个点。对于任何两个点 i,j，有两种路径可能成为新的最短路径，一种是不走点 k，最短路径的长度是 $f(i,j,k-1)$；另一种是走点 k，那么就要先到点 k，再从点 k 到点 j，只有最短路径才能构成新的最短路径，所以两段路径的长度分别是 $f(i,k,k-1)$ 与 $f(k,j,k-1)$，如图5.41所示。

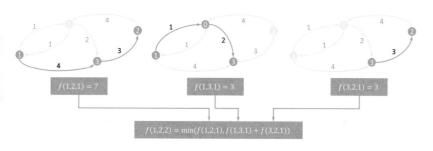

图5.41　状态的转移

第3步，构造状态转移方程，即

$$f(i,j,k) = \min(f(i,j,k-1),\ f(i,k,k-1)+\ f(k,j,k-1))$$

时间复杂度 $O(n^3)$，空间复杂度 $O(n^3)$，还有很大的优化空间。这个状态转移方程和"运输计划"问题中的类似，经过前 k 个点的状态只与经过前 $k-1$ 个点的状态有关，所以不必用三维数组来存储所有状态，用一个二维数组就够了，新的状态直接覆盖原来的状态。

第4步，完成代码。

```
#include <bits/stdc++.h>
using namespace std;

//物流网点的个数、双向通行道路的个数、单向通行道路的个数
int n, m1, m2;
//起点、终点
int s, t;
//f[i][j]表示从i到j的最短路径长度
int f[105][105];

void Floyd() {
    //依次考虑第k个点
    for (int k = 0; k < n; k++) {
        for (int i = 0; i < n; i++) {
            for (int j = 0; j < n; j++) {
                //如果把点k插入(i->j)的最短路径中能得到一条更短的路径
                //那么就更新f[i][j]
                f[i][j] = min(f[i][j], f[i][k] + f[k][j]);
            }
        }
    }
}

int main() {
    //输入与初始化
    cin >> n >> m1 >> m2;
    for (int i = 0; i < n; i++) {
        for (int j = 0; j < n; j++) {
            //如果点i到点j没有路径，那么可以认为点i到点j有一条"很长"的路径
            f[i][j] = 1000000000;
        }
        f[i][i] = 0;
    }
    cin >> s >> t;
    int u, v, w;
    //输入所有双向通行的路径
    for (int i = 0; i < m1; i++) {
        cin >> u >> v >> w;
        f[u][v] = min(f[u][v], w);
        f[v][u] = min(f[v][u], w);
    }
    //输入所有单向通行的路径
    for (int i = 0; i < m2; i++) {
```

```
        cin >> u >> v >> w;
        f[u][v] = min(f[u][v], w);
    }
    // 求解
    Floyd();
    // 输出
    cout << f[s][t] << endl;
    return 0;
}
```

这就是著名的 Floyd 算法，一个用动态规划思想巧妙构造出的、极其简洁的算法。Floyd 算法可以直接计算出任何两个点之间的最短路径长度，这既是优点也是缺点，要想计算从点 s 到点 t 的最短路径，必须烦琐地把任何两个点之间的最短路径算出来，下面尝试换一种计算方法，重来一遍。

第 1 步，定义状态。用 $d(j, k)$ 表示从起点 s 出发，至多经过 k 条路径到达点 j 的最短路径长度，最开始 $k=0$，只有 $d(s, 0)=0$，其余的 $d(j, 0)=+\infty$。从起点 s 出发，到任何一个点的最短路径上不会出现超过 $n-1$ 条路径，否则就会出现绕圈的情况，这个结论可以根据前面的抽屉原理得到，如图 5.42 所示。最终从点 s 到点 t 的路径就是 $d(t, n-0)$。

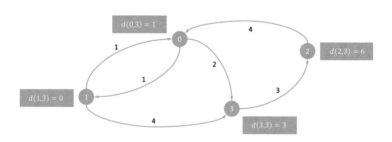

图 5.42　状态的定义

第 2 步，确定转移关系。从至多经过 $k-1$ 条路径，到至多经过 k 条路径，就是向现有的最短路径末尾添加一条路径。对于状态 $d(j, k)$，如果选择沿用原来的路径，那么长度为 $d(j, k-1)$；如果选择在某个路径末尾添加一条长度为 w 的路径 $u{\to}j$，先到点 u 再到点 j，那么长度为 $d(u, k-1)+w$，如图 5.43 所示。

第 3 步，构造状态转移方程，即

$$d(j,k) = \min\left(d(j, k-1), \min_{u \to j}(d(u, k-1) + w(u \to j)) \right)$$

其中 $w(u{\to}j)$ 是路径 $u{\to}j$ 的长度。空间同样可以优化，用一维数组替代二维数组。最终时间复杂度为 $O(nm)$，空间复杂度为 $O(n+m)$，其中 $m=2m_1+m_2$ 是路径总数。

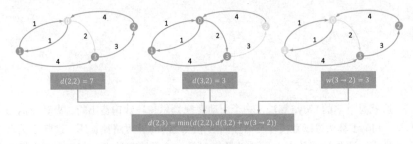

$$d(2,3) = \min(d(2,2), d(3,2) + w(3 \to 2))$$

图 5.43　状态的转移

第 4 步，完成代码。

```cpp
#include <bits/stdc++.h>
using namespace std;

//物流网点的个数、双向通行道路的个数、单向通行道路的个数
int n, m1, m2;
//起点、终点
int s, t;
//道路的个数m=2*m1+m2
int m;
//每条道路的起点、终点、长度
int u[30005], v[30005], w[30005];
//d[i]表示从起点s出发到点i的最短路径长度
int d[105];

void Bellman_Ford() {
    //初始化
    int inf = 1000000000;
    for (int i = 0; i < n; i++)d[i] = inf;
    d[s] = 0;
    //重复n-1次
    for (int k = 0; k < n - 1; k++) {
        //枚举每一条道路，将其衔接到某条最短路径末尾
        for (int i = 0; i < m; i++) {
            d[v[i]] = min(d[v[i]], d[u[i]] + w[i]);
        }
    }
}
```

深入浅出算法竞赛（图解版）

```
int main() {
    //输入
    cin >> n >> m1 >> m2;
    cin >> s >> t;
    m = 0;
    for (int i = 0; i < m1; i++) {
        cin >> u[m] >> v[m] >> w[m];
        m++;
        u[m] = v[m - 1], v[m] = u[m - 1], w[m] = w[m - 1];
        m++;
    }
    for (int i = 0; i < m2; i++) {
        cin >> u[m] >> v[m] >> w[m];
        m++;
    }
    //求解
    Bellman_Ford();
    //输出
    cout << d[t] << endl;
    return 0;
}
```

　　这是另一个著名的Bellman-Ford算法，如果只需要求某两点之间的最短路径，在路径比较稀疏时，比Floyd算法快得多。

　　不同的状态产生不同的转移，进而产生不同的算法，以上用动态规划的思想解释了两个经典的最短路径算法，再加上前面提到的Dijkstra算法，就介绍完了三大经典最短路径算法。

5.4.2　矩阵乘积——用动态规划优化算法

　　动态规划思想不仅可以构成经典算法的每个部分，还可以成为某些算法的"润滑剂"，如用算法优化算法。

　　众所周知，矩阵乘法是线性代数中的基本运算，在机器学习等领域有非常广泛的应用。矩阵 A 与矩阵 B 相乘时，需要保证矩阵 A 的列数等于矩阵 B 的行数。假设 A 是 n 行 k 列的矩阵，B 是 k 行 m 列的矩阵，那么 AB 是 n 行 m 列的矩阵，其第 i 行第 j 列元素恰好是矩阵 A 的第 i 行与矩阵 B 的第 j 列对应位置相乘再相加的结果，所以，朴素的矩阵乘法计算的时间复杂度是 $O(nkm)$，其中 n,k,m 分别是矩阵 A 的行数、矩阵 A 的列数和矩阵 B 的列数，如图 5.44 所示。

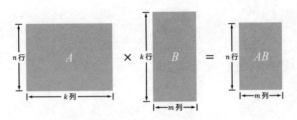

图5.44　矩阵乘积

为了适当简化问题，这里认为矩阵 A 与矩阵 B 相乘所需要的计算次数恰好是 nkm。假设为了满足某些计算需求，需要计算一串矩阵的乘积 $A_0A_1A_2\cdots A_{n-1}$，其中第 i 个矩阵的行数和列数分别是 m_i 和 m_{i+1}，从左到右依次相乘，需要的计算次数是

$$m_0m_1m_2 + m_0m_2m_3 + m_0m_3m_4 + \ldots + m_0m_{n-1}m_n$$

矩阵乘法虽然不满足交换律，但满足结合律，如图5.45所示。可通过调整计算顺序，减少需要的计算次数。

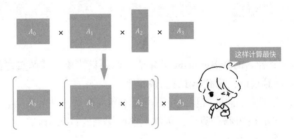

图5.45　矩阵乘法满足结合律

输入格式：

第1行是一个整数 n，表示矩阵的个数；第2行是 $n+1$ 个整数 $m_0,m_1,\ldots,m_n$，其中第 i 个矩阵的行数和列数分别是 m_i 和 m_{i+1}。

输出格式：

输出一个整数，表示计算这 n 个矩阵的乘积需要的最少计算次数。

数据范围：

$1 \leq n,m_0,m_1,\ldots,m_n \leq 100$

样例输入：

4

3 4 5 2 3

样例输出：

82

调整矩阵乘法的计算顺序，无非就是在其中添加括号，一个括号就是一段区间，很容易想到用区间定义状态。用 $f(l, r)$ 表示计算 $A_l A_{l+1} \dots A_r$ 需要的最少次数。

以上矩阵乘积的计算可以认为是区间合并的过程，如图 5.46 所示。最初有 n 个长度为 1 的区间，可以每次挑选相邻的两个区间合并，经过 $n-1$ 次区间合并后，矩阵的乘积计算完毕。

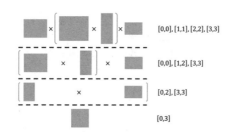

图 5.46　矩阵乘积的计算可以认为是区间合并的过程

最优的计算顺序就是最优的区间合并顺序，对于某一个区间 $[l, r]$ 来说，通过合并得到区间 $[l, r]$ 之前，必然是某两个区间 $[l, i]$ 与 $[i+1, r]$。要算出区间 $[l, i]$ 对应的矩阵乘积，需要的最少的计算次数恰好是 $f(l, i)$；要算出区间 $[i+1, r]$ 对应的矩阵乘积，需要的最少的计算次数是 $f(i+1, r)$。这两段区间的计算结果分别是 m_l 行 m_{i+1} 列、m_{i+1} 行 m_{r+1} 列的矩阵，计算这两个矩阵的乘积需要 $m_l m_{i+1} m_{r+1}$ 次计算，如图 5.47 所示。所以，状态转移方程是

$$f(l, r) = \min_{i=l}^{r-1}(f(l, i) + f(i+1, r) + m_l m_{i+1} m_{r+1})$$

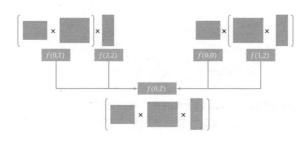

图 5.47　判断哪种计算方式最优

经过前面的学习之后，这个问题就简单了。具体的实现代码如下。

```cpp
#include <bits/stdc++.h>
using namespace std;

//矩阵个数
int n;
//矩阵的行数和列数
int m[105];
//f[l][r]表示计算A[l]A[l+1]...A[r]需要的最少计算次数
int f[105][105];

void dp() {
    //注意for循环中的计算顺序
    for (int r = 0; r < n; r++) {
        for (int l = r - 1; l >= 0; l--) {
            f[l][r] = 1000000000;
            for (int i = l; i < r; i++) {
                f[l][r] = min(
                    f[l][r],
                    f[l][i] + f[i + 1][r] + m[l] * m[i + 1] * m[r + 1]
                );
            }
        }
    }
}

int main() {
    //输入
    cin >> n;
    for (int i = 0; i <= n; i++) {
        cin >> m[i];
    }
    //求解
    dp();
    //输出
    cout << f[0][n - 1] << endl;
    return 0;
}
```

仅仅用动态规划的思想调整了计算顺序，就可以降低算法的时间复杂度，从这个例子中能再一次看到动态规划在算法上的强大潜力。

5.5 玩转自然语言——动态规划在文本处理中的应用

纵观本章中出现的每一个例题，你会发现，动态规划的应用场景经常与序列有关，在日常生活中，语言本身恰好就是序列，动态规划在处理人类的自然语言时发挥着重要作用。

查重算法就是用动态规划解决自然语言问题的一个简单例子，例如，学生提交作业后，要检查是否存在抄袭的现象，如果要教师亲自一一对比，费时费力，把这项工作交给计算机来完成是个不错的选择。学生提交的作业内容完全可以看作由一段字符构成的序列，也就是字符串。要比较两份作业内容，就是计算这两个字符串的相似程度，一个典型的评价指标是最长公共子序列。

如图5.48所示，这两段文本有明显的抄袭痕迹。子序列是字符串中某些字符按照顺序构成的序列，如果两个字符串存在某个相同的子序列，那么这个子序列就是公共子序列，公共子序列显然是学生作业中抄袭的部分，公共子序列长度越长，抄袭的部分就越多，所以希望能够计算出最长的公共子序列长度。

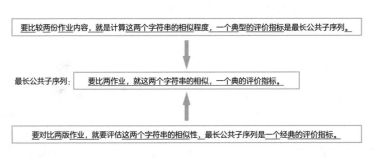

图 5.48 最长公共子序列

定义 $f(i, j)$ 为字符串 a 的前 i 个字符与字符串 b 的前 j 个字符的最长公共子序列长度，如果字符串 a 的第 i 个字符恰好等于字符串 b 的第 j 个字符，那么有

$$f(i, j) = f(i-1, j-1) + 1$$

否则只能用前边更少的字符匹配：

$$f(i, j) = \max(f(i-1, j), f(i, j-1))$$

如图5.49所示为最长公共子序列问题中的状态转移。

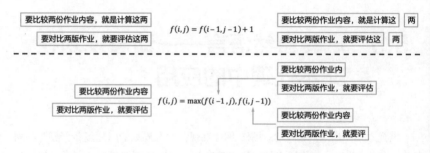

图 5.49　最长公共子序列问题中的状态转移

这个算法可以快速计算出两个字符串的最长公共子序列，基于这个思路，可以扩展算法来解决很多问题，例如，文本对齐。假设有一段文言文及其对应的译文，需要把这两段文字逐句对应起来，由于文言文与现代文的语法存在差异，可能存在一句文言文翻译成多句现代文这样"一对多"的情况，以及"多对一""多对多"的情况，所以问题变得有些复杂，如图 5.50 所示。

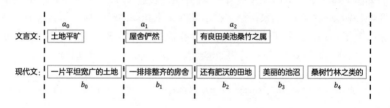

图 5.50　文言文与现代文的对齐

文言文和现代文有不少相似之处，一句文言文和它对应的现代文中有不少字是相同的，可以建立一套打分机制来定义一段文言文 $(a_i, a_{i+1}, ..., a_j)$ 和一段现代文 $(b_k, b_{k+1}, ..., b_l)$ 有多么相似，一个简单的思路是用公共字符集的大小来衡量。对于某一个匹配结果，总分取每一段的得分之和，匹配结果越合理，总分越高，如图 5.51 所示。

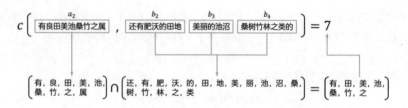

图 5.51　文言文与现代文相似度的计算

这样一来，用$f(i, j)$表示文言文的前i句与现代文的前j句能够匹配出的最大得分，利用状态转移方程

$$f(i, j) = \max_{k=1}^{i} \max_{l=1}^{j} (f(k-1, l-1) + c((a_k, a_{k+1}, \ldots, a_i), (b_l, b_{l+1}, \ldots, b_j)))$$

进行计算。

不过，这也导致算法倾向于生成"多对多"的结果，为了引导算法得到更精细的匹配结果，在打分机制中添加一点"多对多"的"惩罚"，用$c((a_k, a_{k+1}, \ldots, a_i),$ $(b_l, b_{l+1}, \ldots, b_j)) - \alpha(i-k+j-l)$替代原来的得分可以解决这个问题，其中的$\alpha$是需要人为设置的数值，$\alpha$越大，算法越激进，更倾向于得到"一对一"的结果，但出错的概率更大，如图5.52所示。

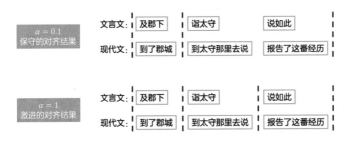

图5.52　保守与激进的对齐方式

类似的思路还可以应用到生物信息学中匹配蛋白质序列、DNA序列，或者是在计算机视觉中进行图像匹配。

除此之外，分词算法也是动态规划的另一有趣应用，将一段文本切分成由词汇组成的序列，可以方便进行文字编辑，如图5.53所示。

> 除此之外，分词算法也是动态规划的另一有趣应用，将一段文本切分成由词汇组成的序列，可以方便进行文字编辑。

> 除此之外，分词|算法|也|是|动态规划|的|另一|有趣|应用，将|一段|文本|切分|成|由|词汇|组成|的|序列，可以|方便|进行|文字|编辑。

图5.53　分词

要进行分词，首先就要有一本字典，能告知有哪些词语，这并不难。然后要把这一段文本与字典进行比对，如图5.54所示，根据子串与字典的关系建立一个有向无环图，如果某个子串恰好出现在字典里，就用一条有向边连接。

图5.54　一种分词算法

这里希望有更多子串匹配上字典中的词汇，所以计算起点到终点的最短路径即可，这甚至不需要用最短路径算法，一个简单的动态规划就足够了。

这是分词算法的一种简单实现方式，分词作为自然语言处理领域的基础任务，自然不可能局限于此，还有诸多的改进算法。例如，把两词汇相邻的概率添加到图中每一条边上，计算概率最大的路径。还有引入神经网络模型，基于序列标注进行分词等的各式各样复杂且精细的算法。

第6章

大事化小、小事化了
——分治

　　见识过动态规划之后，我们再来看另一个算法思想——分治，分治与动态规划相似但不相同，两者都遵循把"难以解决的问题"转化为"容易解决的问题"的思路，区别在于转化的方式。

　　在本章中，先介绍分治的基本思想，再通过四类例题深入讲解分治算法，最后在路径规划问题中介绍分治算法的一个应用案例。

6.1 分治基本介绍

首先，介绍分治的基本原理，以及分治和动态规划的区别。这部分或许有点抽象，阅读时请结合后文中的例题深入理解。

6.1.1 原理

分治是一种解决问题的思想，即"分而治之""大事化小，小事化了"；使用分治思想的算法，可以称为分治算法。

在生活中，也经常采用分治的思想去解决一些问题。比如，班级里发作业的时候，课代表需要把厚厚一摞本子发给同学们。课代表通常会将作业本先按照小组分好，发本子的时候只需要把每一组的作业本给最前面的同学，然后让同学把自己的作业本拿走，再将剩下的本子向后传递，就可以方便地发完作业本。

在编程中使用分治思想也是类似的，将一个大问题分成几个小问题，小问题再分成几个更小的问题，一直这样分割下去，只要问题足够小，就可以很简单地被解决，然后再将小问题合并，就可以简单地解决原本的大问题。这样的说法可能不够形象，本章的几个例题将会为你展现分治的妙用。

本章将会为你介绍分治的思想是如何被用来解决问题的。在这些例题中，有一些是经典的分治算法，还有一些是比较有特色的题目，巧妙地利用了分治的思想。

6.1.2 分治和动态规划的区别

在介绍题目之前，先来比较分治和动态规划的区别。

在第5章，介绍了动态规划。如果仔细观察前面对分治的定义，会发现其实动态规划和分治非常相似。分治是把大问题分解成小问题，再把小问题的答案合并为大问题的答案；而动态规划是定义状态与状态的转移方程，从已知状态转移到新的状态。如果把动态规划中状态转移的过程理解为小问题合并为大问题，其实也可以把动态规划当作分治。

但通常还是会把动态规划单独拿出来说，一是因为动态规划状态转移的过程是自底向上的，而分治的过程是自顶向下的；二是因为具体解题中分治和动态规划确实思路上不太一样，分治更多是递归回溯，动态规划更多是循环枚举。

这些概念不太好理解，在之后的题目中会被反复拿出来讲解。现在先从简单的题目开始，然后慢慢让题目升级。接下来进入实战环节，可以通过题目来感受分治的强大功能。

6.2　数乘型分治

首先是数乘型分治，下面给出了两个例子，一个是计算很多数值的乘积，另一个是计算两个大数值的乘积，虽然看起来都是简单的问题，但其中"暗藏玄机"。

6.2.1　疯狂的细胞分裂

小算最近对生物学产生了浓厚的兴趣，这天，小算获得了一个可以无限分裂的海拉细胞。每个细胞经过一天后会变成两个细胞，细胞不会死亡且可以持续分裂，如图6.1所示。

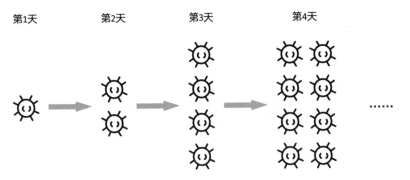

图6.1　细胞分裂

这些细胞是珍贵的研究资源，必须用培养皿保存起来，但实验室有无数个培养皿，小算可以把所有的细胞都放进培养皿里，不过每一个培养皿最多只能放10亿（10^9）个细胞。由于培养皿很贵，只有把一个培养皿放满了才会用新的，如图6.2所示。

现在已经分裂到了第 n 天，小算决定把所有细胞都放进培养皿。现在有一个有趣的问题，有多少个细胞处于没有放满的培养皿中呢？

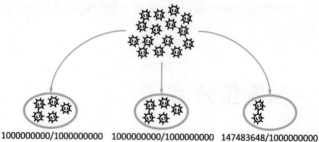

第32天 2147483648个细胞

1000000000/1000000000　　　1000000000/1000000000　　　147483648/1000000000

图6.2　将细胞分装到培养皿中

输入格式：

一个正整数 n。

输出格式：

一个整数，表示处于没有放满的培养皿中的细胞数量。

数据范围：

$1 \leq n \leq 10^{13}$

样例输入：

32

样例输出：

147483648

在第1天，有1个细胞；第2天它变成了 1×2 个；第3天，它们变成了 $1 \times 2 \times 2$ 个……很明显，随着天数增长，细胞数量呈指数增长，即第 n 天，会有 2^{n-1} 个细胞。这里要稍微注意一下，第 n 天的细胞个数不是 2^n，而是 2^{n-1}，如图6.3所示，因为小算是在第1天拥有1个海拉细胞，而不是第0天。

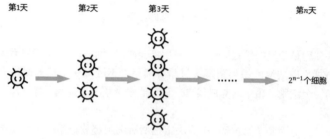

第1天　　　　第2天　　　　第3天　　　　　　　　　　　第 n 天

2^{n-1} 个细胞

图6.3　第 n 天有 2^{n-1} 个海拉细胞

接着把 2^{n-1} 除以 1000000000，得到的余数就是处于没有放满的培养皿中的细胞数量。

$$2^{n-1}\%1000000000$$

理论上答案就是这么简单，但是，这个值很难计算。请注意题目中的数据范围：$1 \leqslant n \leqslant 10^{13}$。如果直接求 2 的指数函数，还没有循环几次，就会产生溢出，即使用 64 位整数也无济于事，这会导致最终得到的结果是错误的；另外 n 非常大，即使能计算 2^{n-1}，程序也会超时。

问题要一个一个地解决。首先，来解决溢出的问题。其实取余数运算有一些数学性质，可以解决这个问题，那就是分配律，即

$$(a \times b)\%c=((a\%c) \times (b\%c))\%c$$

其中，"%" 代表取余数运算。抛开那些抽象的数学公式，用通俗一点的语言描述就是：a 和 b 相乘之后再取余数和分别取余数之后再相乘最后再取一次余数，两者结果相同。现在遇到的问题是，那么多 2 相乘再取余数会出现溢出，所以要在它还没有溢出前，将每一次相乘都取余数就可以了，如图 6.4 所示。

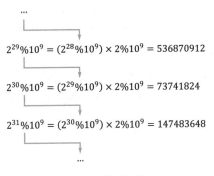

图 6.4　幂的计算

在每一次乘法结束后，都对结果取余数，就可以保证数值处于 $[0,10^9-1]$ 的范围内，永远不会有溢出的问题。但需注意仍然要使用 long long 整型变量保存数值，虽然每一个数值的大小都在范围 $[0,10^9-1]$ 内，但相乘后的数值在范围 $[0,(10^9-1)^2]$ 内，int 变量存不下这么大的数值。

使用循环计算指数函数，将得到一份至少可以算出结果的代码。

```
#include <bits/stdc++.h>
using namespace std;

long long MOD = 1000000000;
//计算x^n%1000000000
```

```
long long power(long long x, int n) {
    long long ans = 1;
    for (int i = 0; i < n; i++) {
        ans = (ans * x) % MOD;
    }
    return ans;
}

int main() {
    int n;
    //输入
    cin >> n;
    //求解并输出
    cout << power(2, n - 1) << endl;
    return 0;
}
```

这样就解决了吗? 显然没有,还有一个很大的问题,就是超时了。接下来就要用到本章的主角——分治,来降低时间复杂度。

power函数的目标是计算2的n次方,可以将这个问题分解成两个小问题,分别是计算2的$[\frac{n}{2}]$($[x]$表示取x的整数部分)次方和计算2的$n-[\frac{n}{2}]$次方,然后再把这两个小问题的结果合并,两个值相乘得到2的n次方,如图6.5所示。这个过程可以递归地进行,递归的边界就是问题被分到不能再分的情况,即$n=0$和$n=1$,此时答案为$2^0=1$和$2^1=2$。

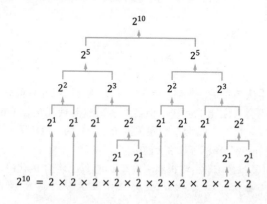

图6.5 计算过程的树形图

按照这样的思路,将得到一份新的代码。

```cpp
#include <bits/stdc++.h>
using namespace std;

long long MOD = 1000000000;
//计算x^n%1000000000
long long power(long long x, int n) {
    //递归的边界:x^0=1,x^1=x
    if (n == 0)return 1;
    else if (n == 1)return x;
    //m=n/2取整
    int m = n / 2;
    //计算x^m
    long long a = power(x, m);
    //计算x^(n-m)
    long long b = power(x, n - m);
    //x^n=(x^m)*x^(n-m)
    return a * b % MOD;
}

int main() {
    int n;
    //输入
    cin >> n;
    //求解并输出
    cout << power(2, n - 1) << endl;
    return 0;
}
```

这段代码有些复杂，实际效果如何呢？那就是毫无优化作用。现在的代码，运行起来依然很慢。因为这样的分治其实并没有降低时间复杂度，但新的处理形式可能会带来新的解决思路。比如，现在把大问题拆成多个小问题，交给多个人来完成，实际上工作量之和并没有变，但如果大家可以交流经验，避免重复劳动，结果就不一样了。

当 n 是偶数时，$[\frac{n}{2}]=n-[\frac{n}{2}]$，所以两个小问题是完全相同的，只需要计算一次就足够了；当 n 是奇数时，把其中一个"1"单独留出来，也就是把 n 拆成三个小部分——$[\frac{n}{2}]$、$[\frac{n}{2}]$、1，前两个又是完全相同的小问题，如图 6.6 所示。这样一来，总能把大问题拆成小问题，且只有一个小问题是需要深入继续计算的。

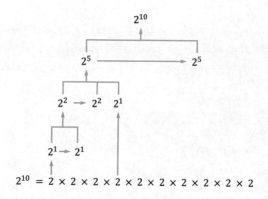

$$2^{10} = 2 \times 2 \times 2 \times 2 \times 2 \times 2 \times 2 \times 2 \times 2 \times 2$$

图6.6 改进后计算过程的树形图

按照上述思路，改进代码。

```
#include <bits/stdc++.h>
using namespace std;

long long MOD = 1000000000;
//计算x^n%1000000000
long long power(long long x, int n) {
    //递归的边界:x^0=1
    if (n == 0)return 1;
    //计算x^m(m=n/2取整)
    int m = n / 2;
    long long a = power(x, m);
    if (n % 2 == 0) {
        //如果n是偶数，那么x^n=(x^m)*(x^m)
        return a * a % MOD;
    } else {
        //如果n是奇数，那么x^n=(x^m)*(x^m)*x
        return a * a % MOD * x % MOD;
    }
}

int main() {
    int n;
    //输入
    cin >> n;
    //求解并输出
```

```
    cout << power(2, n - 1) << endl;
    return 0;
}
```

至于时间复杂度，由于每次拆分都令 n 减小为原来的一半，所以总共要进行 $\log_2 n$ 次拆分，因此时间复杂度是 $O(\log n)$，这个经典的分治算法被称为"快速幂"。另外，该算法其实完全可以不依赖递归，只用循环来实现。

```
#include <bits/stdc++.h>
using namespace std;

long long MOD = 1000000000;
//计算x^n%1000000000
long long power(long long x, int n) {
    long long ans = 1;
    while (n > 0) {
        if (n % 2 == 1)ans = (ans * x) % MOD;
        n = n / 2;
        x = (x * x) % MOD;
    }
    return ans;
}

int main() {
    int n;
    //输入
    cin >> n;
    //求解并输出
    cout << power(2, n - 1) << endl;
    return 0;
}
```

6.2.2 简单的乘法

寒假里，小算在家帮助还在上小学的弟弟学习乘法，小算说："乘法太简单了，交给计算机分分钟就能解决！"弟弟却不以为然地说："真的吗？那我来考考你，看看计算机是不是真的那么神奇。"简单的乘法如图6.7所示。

图6.7　简单的乘法

输入格式：

空格隔开的两个正整数 a,b。

输出格式：

一个正整数，即 $a×b$。

数据范围：

$0 \leqslant a,b \leqslant 10^{50000}$

样例输入：

1668335 312

样例输出：

520520520

"这道题太简单了，我用脚都能把代码写出来！"小算自信十足地说，飞快地写出了一份代码。

```cpp
#include <bits/stdc++.h>
using namespace std;
int main() {
    int a, b;
    cin >> a >> b;
    cout << a*b << endl;
    return 0;
}
```

但注意看数据范围，最大是10的50000次方，如图6.8所示，而不是10乘以50000，也不是50000。

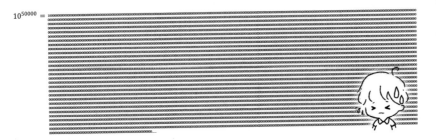

$$10^{50000} =$$

图 6.8 10^{50000}

此时，小算看了看弟弟的作业本，上面工工整整地列好了竖式，或许可以用类似的方式进行计算。先解决数据的存储问题，这么大的数字用 int 和 long long 显然是不行的，只能用字符串的形式输入，然后把每一位数字分开存储到 vector<int> 容器中，如图 6.9 所示。

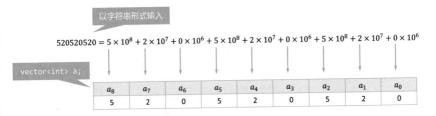

图 6.9   将大的数据按位分拆存储

```cpp
#include <bits/stdc++.h>
using namespace std;

// 进制数
const int Base=10;
//把字符串转化为 vector<int>
vector<int> string2vector(const string &s) {
    int n = s.size();
    vector<int> v(n, 0);
    for (int i = 0; i < n; i++)v[i] = s[n - i - 1] - '0';
    return v;
}
//输出大的数据 c
void output(vector<int> c) {
    if (c.size() == 0) {
```

```
        cout << "0" << endl;
    } else {
        reverse(c.begin(), c.end());
        for (int i = 0; i < (int)c.size(); i++)cout << c[i];
        cout << endl;
    }
}

int main() {
    string sa, sb;
    cin >> sa >> sb;
    vector<int> a = string2vector(sa), b = string2vector(sb);
    vector<int> c = ...;//还没写
    output(c);
    return 0;
}
```

现在，一个大的数据被拆分为了一串小的数据，按照竖式计算的步骤，一位一位地计算，最后相加，就可以得到最终的结果了，如图6.10所示。

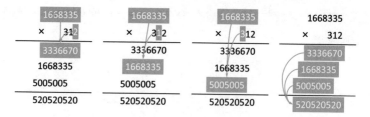

图6.10 乘法竖式计算

```
#include <bits/stdc++.h>
using namespace std;

//进制数
const int Base=10;
//把字符串转化为vector<int>
vector<int> string2vector(const string &s) {...}
//输出大的数据c
void output(vector<int> c) {...}
//模拟竖式计算c=a*b
vector<int> b_mul(const vector<int> &a, const vector<int> &b) {
    int n = a.size() + b.size() - 1;
    vector<int> c(n, 0);
```

```
    for (int i = 0; i < (int)a.size(); i++) {
        //将a的第i位分别与b的每一位相乘
        for (int j = 0; j < (int)b.size(); j++) {
            c[i + j] += a[i] * b[j];
        }
        //处理进位
        int num = 0;
        for (int i = 0; i < n; i++) {
            num += c[i];
            c[i] = num % Base;
            num /= Base;
        }
        while (num > 0) {
            c.emplace_back(num % Base);
            num /= Base;
        }
    }
    return c;
}

int main() {
    string sa, sb;
    cin >> sa >> sb;
    vector<int> a = string2vector(sa), b = string2vector(sb);
    vector<int> c = b_mul(a, b);
    output(c);
    return 0;
}
```

现在至少能把结果正常计算出来，假设 a 和 b 的位数都是 n，那么时间复杂度显然是 $O(n^2)$，下面就用分治来优化算法吧！

第1步，进行分治中"分"的操作。以 $5201314520 \times 1314131420$ 为例，把大的数据拆分成两部分，如图6.11所示。

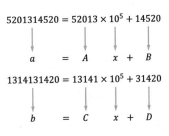

图6.11 大的数据拆分

第2步，进行分治中"治"的操作。最终要求的$a \times b$，按照上面的拆分结果，就是$ACx^2+(AD+BC)x+BD$，如果分别计算AC、AD、BC、BD，本质上时间复杂度没有任何变化，时间主要消耗在了乘法上，既然如此，就尽量避免使用乘法，如图6.12所示。

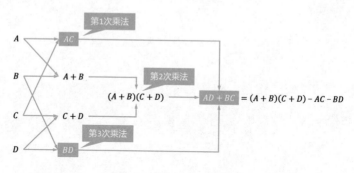

图6.12　分拆后的计算过程

原来需要四次乘法，现在只需要三次了。乘法之外的所有加减法的时间复杂度之和为$O(n)$，A、B、C、D四个数值的位数都是$\dfrac{n}{2}$，所以，计算量就缩减到了$3 \times \left(\dfrac{n}{2}\right)^2 + O(n)$也就是$\dfrac{3n^2}{4} + O(n)$，好像也并没有减少太多。

继续分，就能继续减小计算量。换句话说，计算AC、$(A+B)(C+D)$、BD时，也可以递归地用类似的方法进行，直到数值足够小，小到不必再分为止。实现代码如下。

```cpp
#include <bits/stdc++.h>
using namespace std;

//进制数
const int Base=10;
//把字符串转化为vector<int>
vector<int> string2vector(const string &s) {...}
//输出大的数据c
void output(vector<int> c) {...}
//模拟竖式计算c=a*b
vector<int> b_mul(const vector<int> &a, const vector<int> &b) {...}
//加法
vector<int> add(const vector<int> &a, const vector<int> &b) {
    int n = max(a.size(), b.size());
```

```
        vector<int> c;
        int num = 0;
        for (int i = 0; i < n; i++) {
            if (i < (int)a.size())num += a[i];
            if (i < (int)b.size())num += b[i];
            c.emplace_back(num % Base);
            num /= Base;
        }
        if (num > 0)c.emplace_back(num);
        return c;
}
//减法
vector<int> sub(const vector<int> &a, const vector<int> &b) {
    vector<int> c = a;
    for (int i = 0; i < (int)b.size(); i++) {
        c[i] -= b[i];
        if (c[i] < 0) {
            c[i] += Base;
            c[i + 1] -= 1;
        }
    }
    while (c.size() > 0 and c.back() == 0)c.pop_back();
    return c;
}
//分治计算c=a*b
vector<int> k_mul(const vector<int> &a, const vector<int> &b) {
    //递归的边界条件：小到不能再分
    if (a.size() == 0 or b.size() == 0) {
        return vector<int>();
    } else if (a.size() == 1 and b.size() == 1) {
        int num = a[0] * b[0];
        vector<int> c;
        while (num > 0) {
            c.emplace_back(num % Base);
            num /= Base;
        }
        return c;
    }
    //选取较大数字的中间位置作为拆分位置
    int length = max(a.size(), b.size()) / 2;
    //拆分为A、B、C、D
```

```
    int length_a = min(length, (int)a.size());
    vector<int> A(a.begin() + length_a, a.end());
    vector<int> B(a.begin(), a.begin() + length_a);
    int length_b = min(length, (int)b.size());
    vector<int> C(b.begin() + length_b, b.end());
    vector<int> D(b.begin(), b.begin() + length_b);
    //计算AC、BD
    vector<int> AC = k_mul(A, C);
    vector<int> BD = k_mul(B, D);
    //计算E=(A+B)(C+D)-AC-BD=AD+BC
    vector<int> E = sub(sub(k_mul(add(A, B), add(C, D)), AC), BD);
    //计算ACx^2、(AD+BC)x，即插入0
    vector<int> x(length, 0);
    E.insert(E.begin(), x.begin(), x.end());
    AC.insert(AC.begin(), x.begin(), x.end());
    AC.insert(AC.begin(), x.begin(), x.end());
    //计算ACx^2+(AD+BC)x+BD
    return add(add(AC, E), BD);
}

int main() {
    string sa, sb;
    cin >> sa >> sb;
    vector<int> a = string2vector(sa), b = string2vector(sb);
    vector<int> c = k_mul(a, b);
    output(c);
    return 0;
}
```

现在你是不是很好奇这个略显怪异的算法究竟有没有降低时间复杂度，所以要在理论和实践两方面分别验证一下，接下来的分析过程需要一些数学知识。

两个位数为 n 的数，用上面的算法计算乘积，假设计算次数是 $f(n)$。这个过程需要计算三次位数为 $\frac{n}{2}$ 的乘法，以及复杂度为 $O(n)$ 的加减法，不妨假设所有加减法的计算量不超过 n 的 γ 倍，那么有

$$f(n) \leqslant 3f\left(\frac{n}{2}\right) + \gamma n$$

$$f(1) = 1$$

取 $n = 2^k$，则有

$$f(2^k) \leqslant 3f(2^{k-1}) + \gamma 2^k$$
$$\leqslant 3^2 f(2^{k-2}) + 3\gamma 2^{k-1} + \gamma 2^k$$
$$\leqslant 3^k f(2^0) + 3^{k-1}\gamma 2^1 + \cdots + 3\gamma 2^{k-1} + \gamma 2^k$$
$$= 3^k + \sum_{i=1}^{k} 3^{k-i} \gamma 2^i$$
$$= 3^k \left(1 + 2\gamma - 2\gamma \left(\frac{2}{3}\right)^k\right)$$
$$\leqslant 3^k (1 + 2\gamma)$$

将 $k = \log_2 n$ 代入上式，得

$$f(n) \leqslant (1 + 2\gamma) n^{\log_2 3}$$

因此

$$O(f(n)) \leqslant O(n^{\log_2 3}) < O(n^2)$$

在理论上，新的分治算法已经能够完美地代替模拟竖式算法了，实际的情况怎么样呢？

随机生成两个位数达到10000的数，用两种算法，分别测试运行时间。模拟竖式算法花了439ms，分治算法花了4109ms，怎么回事？在第1章提到过，时间复杂度并不是绝对的衡量指标，低时间复杂度的算法并不一定更快。遇到这种情况，可以考虑结合两个算法，方法很简单，当两个数值都比较小，例如，位数小于100时，将不再进行分治，而是使用模拟竖式算法进行计算，可避免大量耗时的拆分操作。

```
//分治计算c=a*b
vector<int> k_mul(const vector<int> &a, const vector<int> &b) {
    //当数值较小时，调用模拟竖式乘法
    if (a.size() < 100 or b.size() < 100)return b_mul(a, b);
    //选取较大数值的中间位置作为拆分位置（以下所有代码未发生改变）
    int length = max(a.size(), b.size()) / 2;
    //拆分为A、B、C、D
    int length_a = min(length, (int)a.size());
    vector<int> A(a.begin() + length_a, a.end());
    vector<int> B(a.begin(), a.begin() + length_a);
    int length_b = min(length, (int)b.size());
    vector<int> C(b.begin() + length_b, b.end());
    vector<int> D(b.begin(), b.begin() + length_b);
    //计算AC、BD
    vector<int> AC = k_mul(A, C);
    vector<int> BD = k_mul(B, D);
```

```
//计算E=(A+B)(C+D)-AC-BD=AD+BC
vector<int> E = sub(sub(k_mul(add(A, B), add(C, D)), AC), BD);
//计算ACx^2、(AD+BC)x,即插入0
vector<int> x(length, 0);
E.insert(E.begin(), x.begin(), x.end());
AC.insert(AC.begin(), x.begin(), x.end());
AC.insert(AC.begin(), x.begin(), x.end());
//计算ACx^2+(AD+BC)x+BD
return add(add(AC, E), BD);
}
```

操作后，计算时间直接缩短到了98ms。还能继续开发性能吗？答案是肯定的。注意保存每一位数值的数据类型是int，一个十以内的数值用int来存储有些大材小用。不用10进制，而用1000进制（或者更大的进制数），那么原来的n位数就变成了$n/3$位数，计算效率进一步提高，如图6.13所示。当然，这个优化技巧对两个乘法算法都有效。

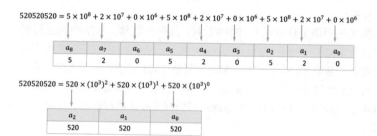

图6.13 按位压缩存储

```
//进制数
const int Base = 1000;
const int W = 3;
//把字符串转化为vector<int>
vector<int> string2vector(string s) {
    reverse(s.begin(), s.end());
    vector<int> c;
    for (int i = 0; i * W < (int)s.size(); i++) {
        int num = 0;
        //相邻的W位构成一位
        for (int j = i * W + W - 1; j >= i * W; j--) {
            if (j < (int)s.size())num = num * 10 + s[j] - '0';
        }
```

```
        c.emplace_back(num);
    }
    return c;
}
//输出大的数值c
void output(vector<int> c) {
    if (c.size() == 0) {
        cout << "0" << endl;
    } else {
        reverse(c.begin(), c.end());
        for (int i = 0; i < (int)c.size(); i++) {
            //注意某些数值输出时需要在前边补充0
            if (i == 0)cout << c[i];
            else cout << setfill('0') << std::setw(W) << c[i];
        }
        cout << endl;
    }
}
```

　　再次测运行时间，此时已经缩短到48ms。作为算法竞赛的代码，这已经足够了。

　　这个巧妙地利用了分治的算法就是Karatsuba算法，是目前使用最广的大整数乘法算法。整数乘法算法是基础的、重要的算法，Python 语言中内置的整数乘法，就是基于Karatsuba算法实现的。更一般地，Karatsuba算法还可以用来计算两个多项式的乘积。

6.3　矩阵乘法的分治

　　如果把数乘型分治中的数值换成矩阵，数值的乘法换成矩阵的乘法，会发生什么变化呢？利用矩阵的特性，可以利用很多矩阵的乘积来解决问题；利用类似Karatsuba算法的思想，矩阵的乘积也可以被加速。

6.3.1　神秘数字

　　在如今使用互联网服务时，通常要使用各种各样的账号和密码，如果注册太多账号，很容易忘记密码。这天，小算忘记了自己某个账号的密码，只记得密码

是一个 n 位的数字，且这个数字中 6 出现的次数是偶数，无奈之下，小算只能一个一个地尝试，请你计算有多少种可能的密码。

输入格式：

一个整数 n，表示数字的位数。

输出格式：

一个整数，表示可能的密码数量，由于答案可能很大，需输出其除以 10^9+7 的余数。

数据范围：

$1 \leqslant n \leqslant 10^{18}$。

样例输入：

2

样例输出：

73

在第 5 章，已经讲解过动态规划的思想，在这里可以尝试直接使用动态规划来解决问题。

第 1 步，定义状态。关键的信息是数字的位数以及其中 6 出现的次数，用 $f(i,0)$ 表示前 i 位数字中 6 出现的次数为偶数时，前 i 位数字有多少种可能；相应地，用 $f(i,0)$ 表示前 i 位数字中 6 出现的次数为奇数时，前 i 位数字有多少种可能。

第 2 步，确定转移关系。前 i 位的状态显然要根据前 $i-1$ 位的状态计算，如果第 i 位是 6，那么 6 出现的次数从偶数变为奇数，或者从奇数变为偶数；如果第 i 位是除了 6 之外的其他 9 个数字之一，那么 6 出现次数的奇偶性不变，如图 6.14 所示。

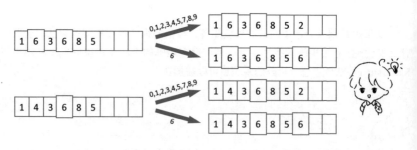

图 6.14　状态的转移

第3步，构造状态转移方程，即

$$f(i,0)=9f(i-1,0)+f(i-1,1)$$
$$f(i,1)=f(i-1,0)+9f(i-1,1)$$

第4步，完成代码。

```cpp
#include <bits/stdc++.h>
using namespace std;

//1000000007
const long long mod = 1e9 + 7;
long long n;
long long f[100005][2];

int main() {
    //输入
    cin >> n;
    //初始化
    f[0][0] = 8;
    f[0][1] = 1;
    //用动态规划计算
    for (int i = 1; i < n; i++) {
        f[i][0] = (9 * f[i - 1][0] + f[i - 1][1]) % mod;
        f[i][1] = (f[i - 1][0] + 9 * f[i - 1][1]) % mod;
    }
    //输出
    cout << f[n - 1][0] << endl;
    return 0;
}
```

完整的操作结束后，复杂度也随之"爆炸"了。虽然时间复杂度只有$O(n)$，但本题的n达到了10^{18}。

要优化这段程序，需要一点数学理论，把状态转移方程写成矩阵形式，即

$$\begin{pmatrix} f(i,0) \\ f(i,1) \end{pmatrix} = \begin{pmatrix} 9 & 1 \\ 1 & 9 \end{pmatrix} \begin{pmatrix} f(i-1,0) \\ f(i-1,1) \end{pmatrix}$$

由以上公式可知，只需要在左侧乘以一个矩阵，就能从前$i-1$位的状态转移到前i位的状态。如果这个矩阵乘两次，就可以转移到前$i+1$位的状态，如果乘n次，就可以转移到前$i+n-1$位的状态。有

$$\begin{pmatrix} f(n,0) \\ f(n,1) \end{pmatrix} = \begin{pmatrix} 9 & 1 \\ 1 & 9 \end{pmatrix}^n \begin{pmatrix} 8 \\ 1 \end{pmatrix}$$

所以，问题的关键是如何求内容

$$\begin{pmatrix} 9 & 1 \\ 1 & 9 \end{pmatrix}^{n}$$

可以使用快速幂。快速幂不仅能快速计算数字的幂，对矩阵的幂同样有效。
代码如下。

```cpp
#include <bits/stdc++.h>
using namespace std;

//1000000007
const long long mod = 1e9 + 7;
long long n;
//矩阵
struct Matrix {
    long long value[2][2];
};
//矩阵乘法
Matrix mul(const Matrix &A, const Matrix &B) {
    Matrix C = {{{0, 0}, {0, 0}}};
    for (int i = 0; i < 2; i++) {
        for (int j = 0; j < 2; j++) {
            for (int k = 0; k < 2; k++) {
                C.value[i][j] += A.value[i][k] * B.value[k][j];
                C.value[i][j] %= mod;
            }
        }
    }
    return C;
}
//计算矩阵x的n次方
Matrix power(Matrix x, int n) {
    Matrix ans = {{{1, 0}, {0, 1}}};
    while (n > 0) {
        if (n % 2 == 1)ans = mul(ans, x);
        n = n / 2;
        x = mul(x, x);
    }
    return ans;
}

int main() {
    //输入
```

```
cin >> n;
//计算
Matrix A = {{{9, 1}, {1, 9}}};
Matrix power_A = power(A, n - 1);
long long ans = (power_A.value[0][0] * 8 + power_A.value[0][1]) % mod;
//输出
cout << ans << endl;
return 0;
}
```

　　快速幂算法实际是一个通用的幂运算算法，只要乘法满足结合律，无论是数值、矩阵，还是多项式，都能够利用快速幂来计算。

6.3.2　Strassen 快速矩阵乘法

　　一连串矩阵的乘法，可以用上述算法优化，分治在矩阵乘法中的应用远不止这些。要计算两个 n 行 n 列矩阵的乘积，使用朴素的矩阵乘法算法需要 $O(n^3)$ 的时间复杂度。两个多项式乘积的计算可以利用 Karatsuba 算法把时间复杂度从 $O(n^2)$ 降低到 $O(n^{\log_2 3})$，两个矩阵乘积的计算也可以进行类似的优化。

　　矩阵乘法的优化算法有许多种，这里介绍 Strassen 快速矩阵乘法。1969 年，德国数学家 Strassen 证明 $O(n^3)$ 的解法并不是矩阵乘法的最优算法，他做了一系列工作使最终的时间复杂度降低到了 $O(n^{\log_2 7})$。

　　现在考虑这样一个普通的矩阵乘法，其中 A 和 B 是 n 行 n 列的矩阵，则

$$C=AB$$

　　与 Karatsuba 算法类似，先"分"，对这三个矩阵都进行分块，如图 6.15 所示。

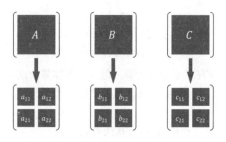

图 6.15　对矩阵进行分块

　　不妨假设 n 是偶数，分块时可"对半分"，将每个矩阵分成四个 $n/2$ 行 $n/2$ 列的矩阵。分块之后，矩阵 C 的每一部分满足如图 6.16 所示的条件。

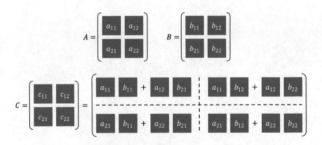

图 6.16　矩阵分拆后的乘法计算过程

注意，如果按照以上公式计算，虽然小矩阵的乘法计算量降低到了$\left(\dfrac{n}{2}\right)^3$，但总共需要 8 次这样的矩阵乘法，复杂度没有变化。接下来，应该进行分治的"治"操作了。

设定 7 个值，则

$$\begin{cases} x_1 = a_{11}(b_{12} - b_{22}) \\ x_2 = (a_{11} + a_{12})b_{22} \\ x_3 = (a_{21} + a_{22})b_{11} \\ x_4 = a_{22}(b_{21} - b_{11}) \\ x_5 = (a_{11} + a_{22})(b_{11} + b_{22}) \\ x_6 = (a_{12} - a_{22})(b_{21} + b_{22}) \\ x_7 = (a_{11} - a_{21})(b_{11} + b_{12}) \end{cases}$$

利用这 7 个值，就能组合出 $c_{11}, c_{12}, c_{21}, c_{22}$，如

$$\begin{cases} c_{11} = x_5 + x_4 + x_6 - x_2 \\ c_{12} = x_1 + x_2 \\ c_{21} = x_3 + x_4 \\ c_{22} = x_5 + x_1 - x_3 - x_7 \end{cases}$$

此时可知，虽然多了很多加减运算，但是对整体复杂度影响最高的乘法运算从 8 次降低到了 7 次。并且这些乘法运算依然能够递归分治下去，从而降低整体复杂度。

至于复杂度的计算，和 Karatsuba 算法类似，如

$$f(n) \leqslant 7f\left(\frac{n}{2}\right) + \gamma n^2$$

最终得到复杂度 $O(n^{\log_2 7})$。虽然 $n^{\log_2 7} \approx n^{2.81} < n^3$，时间复杂度确实降低了，但在实践中，仅仅在 n 极大时 Strassen 快速矩阵乘法才能显露优势。在算法竞赛

中，很少有考查Strassen算法的题目，所以这里不提供代码，但仍然不能否认，它是一个经典的、巧妙的分治算法，在大规模矩阵计算中能发挥作用。

6.4　线性结构问题的分治

分治算法的作用不仅仅局限在数学运算上，对于一些具有线性结构的问题，分治算法可以通过拆分区间来拆分问题，把复杂问题拆分为相对简单的问题，进而逐个解决。

6.4.1　自助餐厅（一）

小算的朋友新开了一家自助餐厅，恰好他的生日到了，小算一家被邀请前往这家自助餐厅参加朋友的生日宴。这家自助餐厅今晚为客人们准备了 n 道菜品，按照顺序排放在一条长长的传送带上，但是这家餐厅有一个奇怪的规定：每位客人只能享用相邻的若干道菜品，如图6.17所示。

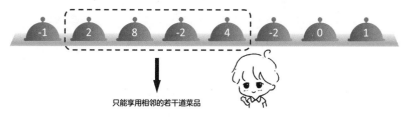

只能享用相邻的若干道菜品

图6.17　自助餐厅的用餐规定（一）

小算对于菜品有一定的偏好，第 i 道菜品具有 a_i 的美味度，小算想要吃到美味度之和最大的菜品。某些菜品是小算不喜欢吃的，所以美味度可能是负数，但小算认为浪费粮食可耻，所以一旦选好了若干道相邻的菜品，就一定会全吃完。如果没有想吃的菜（所有菜品的美味度都是负数），小算可以选择不吃。

现在，请你帮助小算选出美味度之和最大的若干道相邻菜品。

输入格式：

第1行，一个正整数 n；第2行，一共 n 个正整数 $a_0,a_1,...,a_{n-1}$，a_i 代表第 i 道菜的美味度。

输出格式：

一个正整数，表示能够选出的最大美味度之和。

数据范围：

$1 \leqslant n \leqslant 10^5$；

$1 \leqslant a_0, a_1, \ldots, a_{n-1} \leqslant 10^9$。

样例输入：

8

–1 2 8 –2 4 –2 0 1

样例输出：

12

这里还是先考虑最简单的解法，很容易想到有 $O(n^2)$ 的穷举算法，此方法肯定会超时。

和前面大多数分治算法类似，先分再治，怎么治先不管，先把这 n 道菜品从中间分成两部分，如图6.18所示。

图6.18　菜品的分拆

分成左右两部分之后，菜品的选取方式可以分为三种，如图6.19所示。

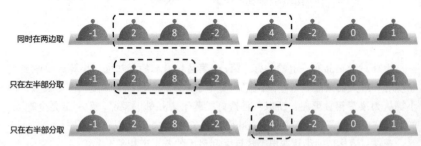

图6.19　菜品的选取方式

对于第1种选取方式，实际包含 $\dfrac{n}{2} \times \dfrac{n}{2}$ 个可行的取法，如图6.20所示。

图6.20　第1种选取方式包含的取法

注意到这些选取的菜品也被自然地分成了左右两部分，如果其中某种取法的美味度最大，那么它的左半部分是美味度最大的，右半部分也是美味度最大的，如图6.21所示。

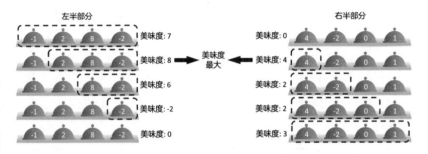

图6.21　选取左右两部分美味度最大的

所以，不必尝试所有 $\frac{n}{2} \times \frac{n}{2}$ 种取法，先在左边的 $\frac{n}{2}$ 种取法中选出美味度最大的，再在右边的 $\frac{n}{2}$ 种取法中选出美味度最大的，最后合并起来，就是其中美味度最大的取法，这个过程的时间复杂度仅有 $O(n)$。

对于第2种和第3种选取方式，可用递归方式处理。

```cpp
#include <bits/stdc++.h>
using namespace std;

int n;
long long a[100005];
//求区间a[L],a[L+1],...,a[R-1]中能够选取到的最大美味度之和
long long max_sum(int L, int R) {
//如果区间长度只有1，直接得到答案，结束递归
```

```
    if (L == R - 1)return max(a[L], (long long)0);
    //以中点为界，切分成左右两部分
    int mid = (L + R) / 2;
    //求出横跨左右两部分的取法中最大的美味度
    long long l_sum = 0, r_sum = 0, sum;
    sum = 0;
    for (int i = mid - 1; i >= L; i--) {
        sum += a[i];
        if (sum > l_sum)l_sum = sum;
    }
    sum = 0;
    for (int i = mid; i < R; i++) {
        sum += a[i];
        if (sum > r_sum)r_sum = sum;
    }
    long long ans = l_sum + r_sum;
    //求出只在左半部分的取法中最大的美味度
    ans = max(ans, max_sum(L, mid));
    //求出只在右半部分的取法中最大的美味度
    ans = max(ans, max_sum(mid, R));
    return ans;
}
int main() {
    //输入
    cin >> n;
    for (int i = 0; i < n; i++) {
        cin >> a[i];
    }
    //求解并输出
    cout << max_sum(0, n) << endl;
    return 0;
}
```

一个优美的分治算法诞生了，与穷举算法相比，时间复杂度从$O(n^2)$降低到了$O(n\log n)$。这个题目出现在这里，是因为它可以用分治方式解决，但是这些不是最快的解法，还有更快的解法，需要用到第5章的动态规划思想。

用$f(i)$表示以第i道菜最后一道菜时，可以取到的最大美味度之和，状态转移方式很简单，如果只取第i道菜，那么$f(i)=a_i$；如果取了第$i-1$道菜之后继续取第i道菜，那么$f(i)=f(i-1)+a_i$，如图6.22所示。

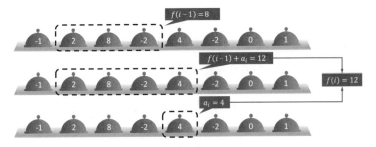

图6.22　用动态规划算法解决菜品选择问题

状态转移方程为

$$f(i)=\max(a_i, f(i-1)+a_i)$$

最终的答案，就是$f(i)$的最大值。

```cpp
#include <bits/stdc++.h>
using namespace std;

int n;
//f[i]:以第i道菜为最后一道菜时，可以取到的最大美味度之和
long long a[100005], f[100005];

int main() {
    //输入
    cin >> n;
    for (int i = 0; i < n; i++) {
        cin >> a[i];
    }
    //求解并输出
    f[0] = max(a[0], (long long)0);
    long long ans = 0;
    for (int i = 1; i < n; i++) {
        f[i] = max(a[i], f[i - 1] + a[i]);
        if (f[i] > ans)ans = f[i];
    }
    cout << ans << endl;
    return 0;
}
```

每一个算法思想都有自己的用武之地，不要被复杂的算法迷惑，灵活地使用多种算法思想，才能更好地解决各类问题。

6.4.2　自助餐厅（二）

　　在朋友新开的自助餐厅大吃一顿后，小算一家觉得这家餐厅的味道真不错。几天后，小算的朋友为了提高客人们的用餐体验，决定把餐厅的自助模式改为套餐模式，一份套餐包含三道菜——前菜、正餐、甜点，美味度为 $a_0, a_1, ..., a_{n-1}$ 的 n 道菜通过传送带依次送出，服务员需要为每位客人选取三道菜组成套餐。如图6.23所示，任何一道菜都可以作为前菜、正餐、甜点，如果要选取第 i, j, k 道菜分别作为前菜、正餐、甜点，那么必须满足以下两个条件。

　　（1）三道菜必须按照顺序端给客人，即 $i < j < k$。

　　（2）为保证用餐体验，三道菜的美味度必须依次递增，即 $a_i \leq a_j \leq a_k$。

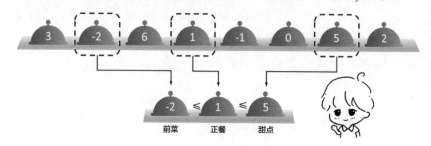

图6.23　自助餐厅的用餐规定（二）

　　现在的问题是，有多少种组成套餐的方式呢？小算的朋友向小算请教，小算决定用算法来解决这个问题。

　　输入格式：

　　第1行，一个正整数 n；接下来有 n 行，每行一个正整数 a_i，代表第 i 道菜品的美味度。

　　输出格式：

　　一个正整数，表示可选的套餐方案数量。

　　数据范围：

　　$1 \leq n \leq 10^5$；

　　$1 \leq a_0, a_1, ..., a_{n-1} \leq 10^6$。

　　样例输入：

8

3 -2 6 1 -1 0 5 2

样例输出：

9

这是一个很经典的三元有序对问题，也就是计算有多少递增的三元组。对于这道题，有一个最朴素的做法是使用三重循环，分别利用三重循环穷举数字 a_i, a_j, a_k，然后比较是否满足条件，统计满足条件的次数。这样的做法复杂度太高，不能通过这道题。

接下来介绍如何使用分治算法来解决这道题。第1章介绍的归并排序算法使用的就是分治的思想，如图6.24所示。

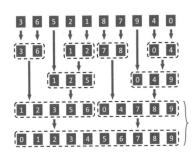

图6.24 归并排序

归并排序将数组均分成左右两部分，递归处理这两部分，利用递归分别将这两部分排序完之后，再将这两部分合并，整个过程的时间复杂度是 $O(n\log n)$。

如果把一道菜作为正餐，可以搭配出多少种套餐呢？就需要计算有多少道菜可以成为它的前菜，以及有多少道菜可以成为它的甜点。即需要计算左边有多少小于或等于它的数值，以及右边有多少大于或等于它的数值，能够搭配出的套餐数就是两者的乘积，如图6.25所示。

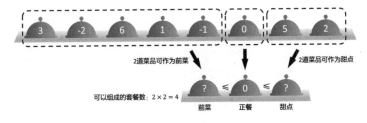

图6.25 套餐搭配方案

在归并排序中，先把区间一分为二，对于右半部分的某一个数值，在左半部分有多少小于或等于它的数值，其实在归并这个数值时就可以计算出来，如图6.26所示。

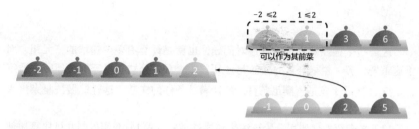

图 6.26 计算可以作为前菜的菜品

相应地，对于左半部分的某一个数值，在右半部分有多少大于或等于它的数值，也可以在归并排序的过程中一道算出，如图 6.27 所示。

图 6.27 计算可以作为甜点的菜品

整个排序过程结束后，就一起计算出了对于每道菜品，有多少菜品能成为它的前菜，以及有多少菜品能成为它的甜点，经过进一步计算，就可以得到最终可以组成的套餐数了。

```cpp
#include <bits/stdc++.h>
using namespace std;

//菜品的数量
int n;
//菜品的美味度（及相关临时变量）
int a[100005], a_temp[100005];
//index数组用来记录位置i处菜品原本的编号
int index[100005], index_temp[100005];
//low[i]表示有多少菜品可以作为第i道菜品的前菜
int low[100005];
//high[i]表示有多少菜品可以作为第i道菜品的甜点
int high[100005];

void mergeSort(int L, int R) {
```

```
        if (R - L <= 1)return;
        int mid = (L + R) / 2;
        mergeSort(L, mid);
        mergeSort(mid, R);
        int p1 = L, p2 = mid, tot = L;
        while (p1 < mid or p2 < R) {
            //判断接下来要对哪个数字归并
            int merge_left = 0;
            if (p2 == R)merge_left = 1;
            else if (p1 == mid)merge_left = 0;
            else if (a[p1] <= a[p2])merge_left = 1;
            else merge_left = 0;
            if (merge_left) {//归并左侧的数字
                index_temp[tot] = index[p1];
                a_temp[tot] = a[p1];
                high[index[p1]] += R - p2;
                tot++, p1++;
            } else {//归并右侧的数字
                index_temp[tot] = index[p2];
                a_temp[tot] = a[p2];
                low[index[p2]] += p1 - L;
                tot++, p2++;
            }
        }
        //将临时变量数组中的数据放回原数组
        for (int i = L; i < R; i++)a[i] = a_temp[i];
        for (int i = L; i < R; i++)index[i] = index_temp[i];
}

int main() {
    //输入
    cin >> n;
    for (int i = 0; i < n; i++) {
        cin >> a[i];
        index[i] = i;
    }
    //求解
    mergeSort(0, n);
    long long ans = 0;//注意答案用int存储不了
    for (int i = 0; i < n; i++) {
        ans += (long long)low[i] * high[i];
    }
    //输出
```

```
        cout << ans << endl;
        return 0;
}
```

6.5　树形结构问题的分治

　　几乎任何一个线性结构上的问题，变成树形结构上的问题后，都会变得更复杂，对于分治算法来说也是如此。下面给出了一个树形结构上的分治问题，解决思路有些复杂，还需要耐心阅读，并理解其中的原理。

6.5.1　沟通成本

　　小算的公司目前已经有了 n 个员工，编号分别为 $0,1,...,n-1$，这些员工有些为管理人员，有些为普通员工，除了小算（编号为 0）以外，每一个人都有一个上层管理人员（以下简称上司），因此，公司中所有员工的关系构成一个树形图，如图 6.28 所示。

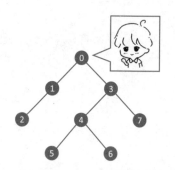

图 6.28　公司中的员工关系

　　在公司中，人与人之间的沟通是需要成本的，例如，员工 A 是员工 B 的上司，员工 A 和员工 B 的沟通成本就是 1；员工 C 是员工 D 的上司的上司的下属，员工 C 和员工 D 的沟通成本就是 3。小算觉得这样的沟通方式太低效了，只有沟通成本不超过 k 时，两人之间的沟通才是顺畅的，请你计算有多少对员工（包括小算）之间的沟通成本不超过 k，如图 6.29 所示。

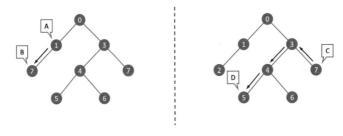

图6.29 沟通成本

输入格式：

第1行是两个整数n,k，表示公司中员工的总数、能够顺畅沟通的最大沟通成本；第2行是$n-2$个数值$a_1,a_2,...,a_{n-1}$，其中a_i表示员工i的上司。

输出格式：

一个整数，表示有多少对员工之间的沟通成本不超过k。

数据范围：

$1 \leqslant n \leqslant 4 \times 10^4$；

$0 \leqslant a_1,a_2,...,a_{n-1} \leqslant n-1$，且保证员工之间的关系是树形的。

样例输入：

8 3

0 1 0 3 4 4 3

样例输出：

22

和前面的两个"自助餐厅"问题相比，这个问题从线性结构升级到了树形结构，变得复杂了，所以将一步一步地尝试解决这个问题。

首先要把这个树形结构保存下来，用"物流仓库"问题类似的方式，把这个图存储下来，注意本题中"A是B的上司"和"B是A的上司"是等价的，不必关心哪个是上司，只需知道A和B之间可以直接沟通即可。

```
#include <bits/stdc++.h>
using namespace std;

//公司中员工的总数、能够顺畅沟通的最大沟通成本
int n, k;
//to[i]记录所有与员工 i 可以直接沟通（上司或下属）的员工
vector<int> to[100005];
```

```
int main() {
    //输入
    cin >> n >> k;
    for (int i = 1; i < n; i++) {
        int leader;
        cin >> leader;
        //把i与leader的关系存储下来，注意是双向的
        to[i].emplace_back(leader);
        to[leader].emplace_back(i);
    }
    return 0;
}
```

本章在解决"自助餐厅（一）"问题时把区间分成子区间，菜品的选择方式分为三种——横跨左右部分、只在左侧部分、只在右侧部分。在这个问题中，区间变成了树，就需要把树分成子树，把小算当作这棵树的根。两个人之间的沟通，也可以分为三种——横跨左右子树、只在左侧子树、只在右侧子树，如图 6.30 所示。当然，如果小算的下属比较多，分割出来的子树也会比较多，情况就更加复杂。

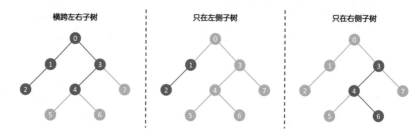

图 6.30　将树分拆为子树

现在只考虑横跨多个子树的情况，这样的沟通路径必然经过小算，现在把路径分为两部分：从小算到员工 A、从小算到员工 B，如图 6.31 所示。只要这两段路径长度之和不超过 k，员工 A 和员工 B 就能顺畅地沟通。

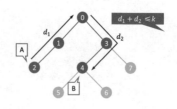

图 6.31　将沟通路径分拆为两部分

计算小算到每一个员工的沟通路径长度，就是搜索的深度。下面这段代码利用了深度优先搜索，计算这棵树上每个节点的深度，并将所有深度值存储到depth_array中。

```cpp
//depth[i]表示从根节点员工开始到员工i的沟通成本，即深度
int depth[100005];
//depth_array记录当前这个树所有节点的深度
vector<int> depth_array;
//以u为起点，计算其下方的点的深度，last_node为前一个点
void calculate_depth(int u, int last_node) {
    //把当前深度存储到数组depth_array中
    depth_array.emplace_back(depth[u]);
    for (auto v : to[u]) {
        //要避免走回头路
        if (v != last_node) {
            depth[v] = depth[u] + 1;
            calculate_depth(v, u);
        }
    }
}
```

然后，计算有多少对员工的沟通成本不超过k，也就是depth_array中有多少对数的和不超过k，如图6.32所示，排序后，用两个指针扫描一遍就可以了，这部分的时间复杂度主要取决于排序算法，调用C++语言中的sort函数即可，时间复杂度为$O(n)$。

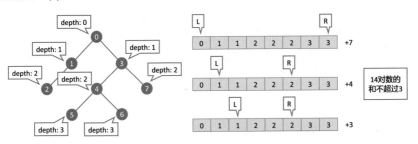

图6.32 用双指针计算有多少对员工的沟通成本不超过k

```cpp
//计算以root为根节点的子树中，有多少点之间的距离不超过k
int get_pairs(int root, int k) {
    //调用calculate_depth函数计算每个点的深度
    depth_array.clear();
    depth[root] = 0;
    calculate_depth(root, -1);
```

```
//排序
sort(depth_array.begin(), depth_array.end());
//使用两个指针扫描depth_array，计算有多少对数的和不超过k
int sum = 0, l = 0, r = (int)depth_array.size() - 1;
while (l < r) {
    if (depth_array[l] + depth_array[r] <= k) {
        sum += r - l;
        l++;
    }else r--;
}
return sum;
}
```

但是这种计算方式把位于同一棵子树的点对也算进去了，如图6.33所示，单纯地统计两段路径之和并不能保证两段路径没有重合部分。

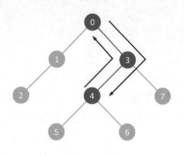

图6.33　两段路径重合部分被重复计算了

有多少这样的点对被算进去了呢? 计算方法很简单，分别以每棵子树的根节点为起点，重复上述计算过程，计算有多少点对之间的距离不超过$k-2$即可。如图6.34所示为用子树的计算结果去除重复部分。

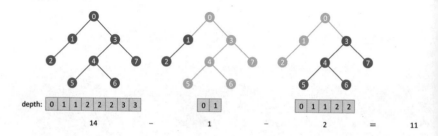

图6.34　用子树的计算结果去除重复部分

```
//计算以root为根节点的子树中，横跨多个子树的点对中有多少距离不超过k
int divide(int root) {
    int ans = 0;
    ans += get_pairs(root, k);
    for (auto v : to[root]) {
        ans -= get_pairs(v, k - 2);
    }
    return ans;
}
```

横跨多个子树员工之间的沟通问题解决了，接下来就要递归地求解每棵子树内部有多少对员工的沟通成本不超过 k。在"油漆桶与连通性"问题中，用vis数组标记每个点是否曾访问过。在这个问题中，以某个员工为根节点计算完后，把对应的vis标记为false，接下来在每棵子树中利用搜索算法求解时，如果遇到vis标记为false的节点，就不再前进，这样能保证每棵子树的求解过程互不干扰，如图6.35所示。

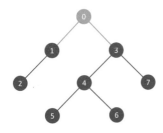

图6.35　vis标记为False后自然地将树分拆为多个部分

增加了vis标记后，calculate_depth和divide都要修改，下面是完整的代码：

```
#include <bits/stdc++.h>
using namespace std;

//公司中员工的总数、能够顺畅沟通的最大沟通成本
int n, k;
//to[i]记录所有与员工i可以直接沟通（上司或下属）的员工
vector<int> to[100005];
//vis[i]表示员工i是否曾被作为根节点计算过
bool vis[100005];

//depth[i]表示从根节点员工开始到员工i的沟通成本，即深度
int depth[100005];
//depth_array记录当前这个树所有节点的深度
vector<int> depth_array;
```

```
//以u为起点，计算其下方的点的深度，last_node为前一个点
void calculate_depth(int u, int last_node) {
    //把当前深度存储到数组depth_array中
    depth_array.emplace_back(depth[u]);
    for (auto v : to[u]) {
        //要避免走回头路
        if (v != last_node and !vis[v]) {
            depth[v] = depth[u] + 1;
            calculate_depth(v, u);
        }
    }
}
//计算以root为根节点的子树中，有多少点之间的距离不超过k
int get_pairs(int root, int k) {
    //调用calculate_depth函数计算每个点的深度
    depth_array.clear();
    depth[root] = 0;
    calculate_depth(root, -1);
    //排序
    sort(depth_array.begin(), depth_array.end());
    //使用两个指针扫描depth_array，计算有多少对数的和不超过k
    int sum = 0, l = 0, r = (int)depth_array.size() - 1;
    while (l < r) {
        if (depth_array[l] + depth_array[r] <= k) {
            sum += r - l;
            l++;
        }else r--;
    }
    return sum;
}

//计算以root为根节点的子树中，横跨多个子树的点对中有多少距离不超过k
int divide(int root) {
    int ans = 0;
    vis[root] = true;
    ans += get_pairs(root, k);
    for (auto v : to[root]) {
        if (!vis[v]) {
            ans -= get_pairs(v, k - 2);
            int next_root = v;
            ans += divide(next_root);
        }
    }
```

深入浅出算法竞赛（图解版）

```
        return ans;
}

int main() {
    //输入
    cin >> n >> k;
    for (int i = 1; i < n; i++) {
        int leader;
        cin >> leader;
        //把i与leader的关系存储下来,注意是双向的
        to[i].emplace_back(leader);
        to[leader].emplace_back(i);
    }
    //求解并输出
    cout << divide(0) << endl;
    return 0;
}
```

　　每一轮计算都需要进行一次排序,时间复杂度上限为$O(n\log n)$,关键问题是需要多少轮计算。如果像归并排序一样,每次都能均匀地分成两段了区间,那么$\log n$轮计算就足够了,但在"树"上问题复杂得多,图6.36所示的链式树形结构,每轮计算只能减少一个节点,会导致计算次数大幅度增加。

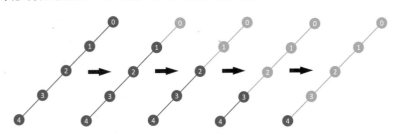

图6.36　最坏的情况下时间复杂度仍然很高

6.5.2　换根策略

　　需要注意的是,一棵树的子树大小均匀与否,取决于这棵树的根节点,所以可以进行"换根"操作。在快速排序算法中,可以随机挑选支点变量,在平均意义下保证时间复杂度为$O(n\log n)$,如果随机"换根",可行吗?

　　答案是否定的。图6.37所示的"花瓣图"的结构,采取随机换根的策略,会以极高的概率($\dfrac{n-1}{n}$)选到某个花瓣作为根节点,一轮计算结束后,仅仅将一个花

瓣摘除了，总时间复杂度提升到 $O(n^2 \log n)$。

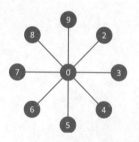

图 6.37　随机"换根"在"花瓣图"上表现不佳

必须使用一种更稳定、鲁棒性更强的换根策略。这就要用到一个新的概念——树的重心，树的重心是能够使最大的子树最小的节点。如果以树的重心作为分治时的根节点，那么总能保证分割后的每棵子树大小不超过原来的一半，总时间复杂度不超过 $O(n \log n \log n)$，如图 6.38 所示。

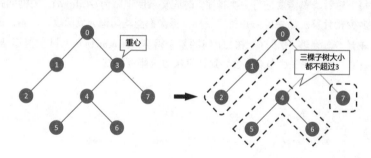

图 6.38　树的重心

为了找到树的重心，可以再次借助深度优先搜索，随意确定一个根节点后，算出每个根节点下方的子树大小，然后就可以得到以每个点为根节点时最大的子树大小。

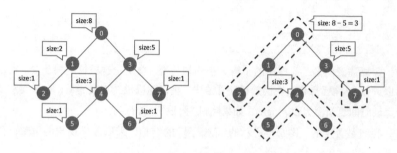

图 6.39　用深度优先搜索计算每个节点下方的子树大小

```cpp
//weight[i]表示以i为根节点的最大子树大小
int weight[100005];
//size[i]表示本次深度优先搜索中节点i下方的子树大小
int size[100005];
//path存储了当前子树包含的所有节点
vector<int> path;
// 深度优先搜索，用于求重心
void dfs(int u, int last_node) {
    path.emplace_back(u);
    size[u] = 1;
    weight[u] = 0;
    for (auto v : to[u]) {
        if (v != last_node and !vis[v]) {
            dfs(v, u);
            //计算本次深度优先搜索中节点u下方的子树大小
            size[u] += size[v];
            //计算以u为根节点的最大子树大小
            weight[u] = max(weight[u], size[v]);
        }
    }
}
//求重心
int get_next_root(int u) {
    //调用深度优先搜索求u所在子树中每个节点下方的子树大小
    path.clear();
    dfs(u, -1);
    //求重心
    int centre = path[0];
    for (auto v : path) {
        //另一侧的子树
        weight[v] = max(weight[v], size[u] - size[v]);
        if (weight[v] < weight[centre])centre = v;
    }
    return centre;
}
```

　　最终得到了真正的完整版代码，为了明确表示每个模块的用途，这里用多个命名空间做了区分。

```cpp
#include <bits/stdc++.h>
using namespace std;


//公司中员工的总数、能够顺畅沟通的最大沟通成本
```

```
int n, k;
//to[i]记录所有与员工i可以直接沟通(上司或下属)的员工
vector<int> to[100005];
//vis[i]表示员工i是否曾被作为根节点计算过
bool vis[100005];


namespace ROOT{
    //weight[i]表示以i为根节点的最大子树大小
    int weight[100005];
    //size[i]表示本次深度优先搜索中节点i下方的子树大小
    int size[100005];
    //path存储了当前子树包含的所有节点
    vector<int> path;
    //深度优先搜索,用于求重心
    void dfs(int u, int last_node) {
        path.emplace_back(u);
        size[u] = 1;
        weight[u] = 0;
        for (auto v : to[u]) {
            if (v != last_node and !vis[v]) {
                dfs(v, u);
                //计算本次深度优先搜索中节点u下方的子树大小
                size[u] += size[v];
                //计算以u为根节点的最大子树大小
                weight[u] = max(weight[u], size[v]);
            }
        }
    }
    //求重心
    int get_next_root(int u) {
        //调用深度优先搜索求u所在子树中每个节点下方的子树大小
        path.clear();
        dfs(u, -1);
        //求重心
        int centre = path[0];
        for (auto v : path) {
            //另一侧的子树
            weight[v] = max(weight[v], size[u] - size[v]);
            if (weight[v] < weight[centre])centre = v;
        }
        return centre;
    }
```

深入浅出算法竞赛(图解版)

```
}

namespace PAIR{
    //depth[i]表示从根节点员工开始到员工i的沟通成本，即深度
    int depth[100005];
    //depth_array记录当前树所有节点的深度
    vector<int> depth_array;
    //以u为起点，计算其下方点的深度，last_node为前一个点
    void calculate_depth(int u, int last_node) {
        //把当前深度存储到数组depth_array中
        depth_array.emplace_back(depth[u]);
        for (auto v : to[u]) {
            //要避免走回头路
            if (v != last_node and !vis[v]) {
                depth[v] = depth[u] + 1;
                calculate_depth(v, u);
            }
        }
    }
    //计算以root为根节点的子树中，有多少点之间的距离不超过k
    int get_pairs(int root, int k) {
        //调用calculate_depth函数计算每个点的深度
        depth_array.clear();
        depth[root] = 0;
        calculate_depth(root, -1);
        //排序
        sort(depth_array.begin(), depth_array.end());
        //使用两个指针扫描depth_array，计算有多少对数的和不超过k
        int sum = 0, l = 0, r = (int)depth_array.size() - 1;
        while (l < r) {
            if (depth_array[l] + depth_array[r] <= k) {
                sum += r - l;
                l++;
            }else r--;
        }
        return sum;
    }
}

//计算以root为根节点的子树中，横跨多个子树的点对中有多少距离不超过k
int divide(int root) {
```

6

大事化小、小事化了——分治

```
    int ans = 0;
    vis[root] = true;
    ans += PAIR::get_pairs(root, k);
    for (auto v : to[root]) {
        if (!vis[v]) {
            ans -= PAIR::get_pairs(v, k - 2);
            //子树换根后递归求解
            int next_root = ROOT::get_next_root(v);
            ans += divide(next_root);
        }
    }
    return ans;
}


int main() {
    //输入
    cin >> n >> k;
    for (int i = 1; i < n; i++) {
        int leader;
        cin >> leader;
        //把i与leader的关系存储下来，注意是双向的
        to[i].emplace_back(leader);
        to[leader].emplace_back(i);
    }
    //求解并输出
    int root = ROOT::get_next_root(0);
    cout << divide(root) << endl;
    return 0;
}
```

6.6　再看路径规划——地图上的分治

　　分治算法的本质，就是"分"和"治"，把一个人的任务拆分为多个子任务，交给多个人来完成，多个人之间互相协同，降低了整体的时间复杂度。但是，在很多时候问题并不能轻易地被拆分，路径规划问题就是个经典的例子。

　　当查询上海迪士尼度假区到北京故宫博物院的路线时，起点和终点的距离很远，沿途会经过多个地点，如图6.40所示。

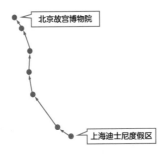

图 6.40　上海迪士尼度假区到北京故宫博物院的路线

用搜索算法或者最短路算法可以解决吗？答案是肯定的，而且计算结果很准确，唯一的问题是计算量太大了。打开你手机中的地图 APP，仔细观察这段路径，你会发现其实这段路径大部分是高速公路，沿途的很多地点，如医院、学校、停车场等，其实大部分是不需要参与计算的，只有少数地点，如高速公路出入口，才是关键的途经地点，如图 6.41 所示。

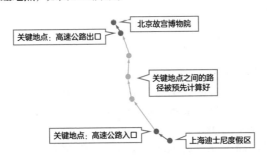

图 6.41　利用预先计算好的路径减少计算量

这些关键地点需要进行特别处理，这里赋予它们更高的等级。在处理路径查询请求之前，先用分治的思想，把地图分块，每一块中各个地点之间的路径预先计算好，每个地点到附近关键地点的路径也计算好，同时，所有关键地点之间的路径也需计算好。这样一来，在处理长距离路径查询请求时，就可以充分利用预先计算好的关键地点和路径，减少计算量。

这样的计算结果一定准确吗？答案是不一定。在长距离的路径规划中，得到的结果可能会比真正的最短路径略长一点，但通常差别不大。仅仅牺牲了一些准确性，可换来了大幅度的性能提升。

基于这样的思路，更精细的路径规划算法被提出，如 CRP（Customizable Route Planning）算法，并被应用到了地图服务中。

参考文献

[1] Peter, Bauer, Alan, et al. The quiet revolution of numerical weather prediction[J]. Nature, 2015.

[2] Arikan E. Channel polarization: a method for constructing capacity-achieving codes for symmetric binary-input memoryless channels[J]. IEEE Transactions on Information Theory, 2009:55(7), 3051-3073.

[3] Zhou L, Liang Z, Chou C A. Airline planning and scheduling: Models and solution methodologies[J], 2020.

[4] 翁寿松. 摩尔定律与半导体设备 [J]. 电子工业专用设备, 2002:31(4): 4.

[5] Chartrand G, Zhang P. Chromatic graph theory[M], 2008.

[6] Playing forever. Retrieved from Tetris.wiki[EB/OL]. https://tetris.wiki/Playing_forever, 2020.

[7] Bangert P. Optimization: Simulated Annealing[M]. Springer Berlin Heidelberg, 2012.

[8] Kennedy J, Eberhart R. Particle Swarm Optimization[C]. Icnn95-international Conference on Neural Networks, 1995.

[9] Goldberg D E, Genetic algorithm in search.

[10] 邱锡鹏. 神经网络与深度学习[J]. 中文信息学报, 2020,7,1.

[11] Silver D, Huang A, Maddison C J, et al. Mastering the game of go with deep neural networks and tree search[J]. Nature.

[12] Silver D, Schrittwieser J, Simonyan K, et al. Mastering the game of go without human knowledge[J]. Nature, 2017:550, 354-359.

[13] 宗成庆. 统计自然语言处理 [M]. 北京：清华大学出版社，2013.

[14] Delling D, Goldberg A V, Pajor T, et al. Customizable route planning in road networks[J]. Transportation Science, 2017:51.